KB051666

마음이 설레는
집 도감

X-Knowledge 지음 | 박지석 옮김

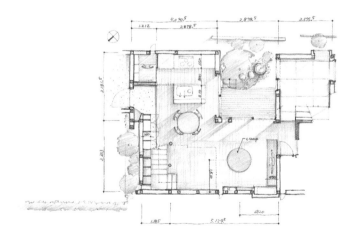

진선books

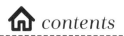 *contents*

마음이 설레는
집 도감

1장

조망 좋은 방을 갖고 싶다

실내에서도 여유로운 풍경을 즐기려면 공간 배치를 어떻게 해야 할까? 창이 있는 곳에 나무를 심거나, 숲이 보이는 쪽으로 방을 둘 수도 있겠다. 창의 크기와 형태에 따라서도 풍경이 달리 보인다. 조망성 확보를 위한 다양한 아이디어를 소개한다.

조망 좋은 방을 갖고 싶다

001

강가의 시원한 경치를
온몸으로 느끼는
열린 공간

수납이 편리한 넓은 주방

나무와 스테인리스를 적절히 조합해서 세련미 있게 완성한 맞춤형 주방. 수납이 충분하고 정리하기도 쉬워서 별도의 수납장을 둘 필요가 없다.

반 옥외로 만든 현관 겸용 개방 공간

대형 미닫이창을 완전히 열면 반 옥외 공간이 된다. 신발 착용과 이동용 가구의 바퀴에 견딜 수 있도록 **아피통**(Apitong, 마디가 없고 단단하며 윤이 나는 열대 지방의 목재) 바닥재를 썼다.

숲

1F

강

프리룸(19㎡)

도로

차고

이웃집

```
0    1    2    3m
```

▨ ··· 반 옥외 공간
← ··· 안과 밖의 연결
⇦ ··· 조망(view)

대지는 남북으로 좁고 긴 사다리꼴이다. 그곳에 높이 3.6m 정도 되는 상자 모양의 3층 주택을 지었다. 1층에는 차 두 대를 세울 수 있는 차고와 현관 겸용 반(半) 옥외 공간인 프리룸을 마련했고, 2층은 원룸형 **LDK(Living–Dining–Kitchen의 약자로 거실과 식당, 주방이 연결된 구조)**로 조성했으며, 3층은 개인 공간으로 꾸몄다. 이처럼 층마다 쓰임새를 다르게 한 게 이 집의 특징이다. 1층에는 대형 미닫이창을 달아서 바깥 공간과 일체감이 느껴진다.

2층은 풍경 감상에 최적

2층은 구획을 나누지 않은 원룸이다. 도로 쪽으로는 창을 하나만 내고, 강 쪽으로 커다란 전면창을 내서 개방했다. 1층과는 대조적으로 따스한 느낌을 주는 원목을 주로 사용했다.

복합 구조로 강의 범람과 여름 습기에 대비

강의 범람에 대비해서 1층은 철근콘크리트, 2층과 3층은 목조로 지었다. 이런 복합 구조는 강에서 올라오는 습기를 막는 데에도 효과적이다. 1층과 2층은 강 쪽으로 널리 트여 있고, 3층은 복도 안쪽으로 방을 배치했다.

조망 좋은 방을 갖고 싶다

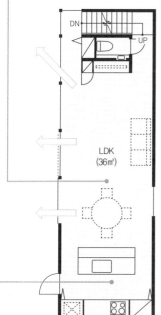

2F

DN
UP

LDK
(36㎡)

3F

DN

아이 방1(6㎡)

아이 방2(6㎡)

발코니

침실(10㎡)

개방성을 줄인 방 앞쪽의 복도

때로는 외부에서 보호받고 있다는 느낌도 필요하다. 그래서 3층에는 방과 외부의 완충지대인 복도를 설치했다. 옆으로 길게 뻗은 창에서는 풍경이 또 달리 보인다.

DATA

소재지 : 교토 부
대지 면적 : 73.32㎡ (22.18평)
연면적 : 114.30㎡ (34.58평)
구조 : 철근콘크리트조 + 목조
규모 : 지상 3층

ARCHITECT

가와바타 마사히로/
가와바타 마사히로 건축사사무소
Tel : 075-746-2201 (교토 부)

이웃집

이웃집

바다 방향

이웃집

뒤뜰

산 방향

도로

테라스

거실·식당(26㎡)

다다미방(7㎡)

주방(8㎡)

UP

수납방

현관

UP

UP

도로

1F

0   1   2   3m

▨ … 외부 공간
← … 안과 밖의 연결
⇦ … 조망(view)

🏠 002

액자 같은 창 너머
경치를 감상하다

바다가 보이는 건물 남쪽의 1층에는 거실과 식당을 배치했고, 2층에는 욕실을 배치했다. 자연히 1층에 있는 주방과 다다미방, 2층의 방들은 산이 있는 북쪽을 향하는데, 방문과 같은 선상에 남쪽으로 창을 내서 어느 방에서나 바다가 보인다. 또 '돌아서 들어가는' 1층의 동선은 촘촘한 구조의 집에 원근감을 부여한다.

테라스로 이어지는 개방성 좋은 거실과 식당

거실과 식당은 바다가 내려 다보이는 뜰과 테라스로 이어진다. 처마 아래 넓은 테라스는 식사를 하고, 반려 동물과 시간을 보내는 장소다.

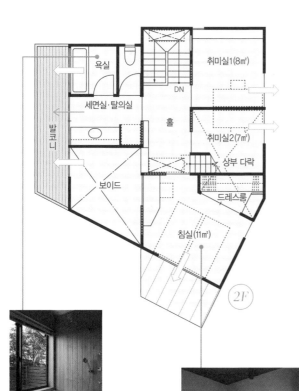

욕실

세면실·탈의실

발코니

보이드

취미실1(8㎡)

DN

홀

취미실2(7㎡)

상부 다락

드레스룸

침실(11㎡)

2F

**욕실은 풍경을
즐기기에 최적의 장소**

2층 발코니와 가까운, 전망
좋은 곳에 욕실을 배치했다.
욕조의 높이와 창틀의 높이
를 비슷하게 맞춰 창을 열면
노천탕에 와 있는 것 같다.

**방을 감싸는 벽,
그 벽에 작게 창을 낸 침실**

북동향인 2층 침실. 식당의 보이
드 공간 쪽으로 낸 실내창과 건너
의 전망창을 통해 바다를 바라볼
수 있다.

공간 배치 포인트
아늑하게 설계된 실내와
개방성의 균형

바다 쪽으로 난 1층 전면창이 좌
우로 트여 실내의 개방성이 좋다.
2층까지 수직으로 연결한 식당의
보이드(void, 층간 구획 없이 통으로 트
여 있는 공간)는 흰 규조토로 마감
해 차분한 분위기다. 창마다 보이
는 경치가 무척 인상적이다.

DATA
소재지 : 가나가와 현
대지 면적 : 173.63㎡ (52.52평)
연면적 : 103.35㎡ (31.26평)
구조 : 목조
규모 : 지상 2층

ARCHITECT
나가하마 노부유키/
나가하마 노부유키 건축설계사무소
Tel : 03-3205-1508 (도쿄 도)

조망 좋은 방을 갖고 싶다

9

거실과 연결되는
안뜰이 만드는 풍경

공간감이 느껴지는 카운터의 길이
식탁을 겸하는 카운터의 길이는 4.5m이다.

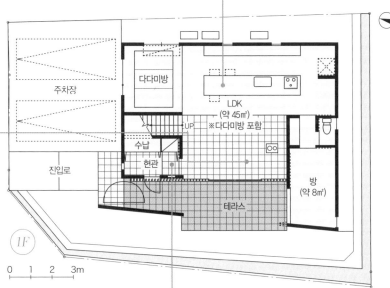

주차장

다다미방

LDK
(약 45㎡)
※다다미방 포함

UP

수납

진입로

현관

테라스

방
(약 8㎡)

1F

0 1 2 3m

널따란 안뜰로 이어지는 거실
테라스를 더하면 1층 거실의 면적은 약 두 배가 된다. 바람이 통하는 부분을 전면 개방하고 테라스를 감싸는 벽을 세워 넓고 확 트인 공간으로 만들었다.

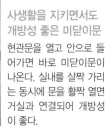

사생활을 지키면서도 개방성 좋은 미닫이문
현관문을 열고 안으로 들어가면 바로 미닫이문이 나온다. 실내를 살짝 가리는 동시에 문을 활짝 열면 거실과 연결되어 개방성이 좋다.

서쪽으로 널찍하게 트여 있는 집으로, 정원수를 심어서 외부 시선을 차단했다. 북쪽에 있는 식당과 주방은 다다미방과 연결했고, 거실이 있는 남쪽에는 독립된 공간들을 배치했다. 폴딩도어를 완전히 열면 안뜰이 시원하게 펼쳐진다.

유리벽으로 마감한 침실

보이드 쪽에 유리창을 달아 다른 방이 보이도록 만든 침실. 아침에 산뜻한 햇살을 맞으며 깰 수 있는 것도 유리벽의 장점 중 하나!

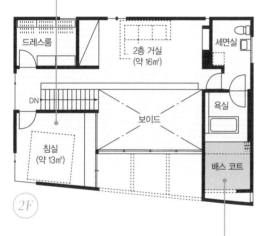

```
드레스룸          2층 거실        세면실
                (약 16㎡)

DN              보이드          욕실

침실
(약 13㎡)                      배스 코트
```

(2F)

노천탕 느낌이 나는
배스 코트 욕실

욕실은 **배스 코트**(bath court, 바깥 공기를 느낄 수 있도록 욕실과 가까운 정원 쪽의 주위를 벽으로 가린 작은 공간) 형태다. 폴딩도어를 열면 실내와 실외가 한 공간이 된다. 코트는 벽으로 막혀 있지만 통풍을 위해 일부 공간을 터놓았다.

잘 구획된 차분한
공간으로 설계하다

2층의 방들은 1층 거실에서 보이드시킨 공간을 중심으로 ㄷ자 형태로 배치했다. 북서향인 침실은 보이드 쪽 벽면을 유리창으로 마감해서 다른 방들과 아래층이 내려다보인다. 공간의 연계를 중시한 것만큼이나 수납공간과 벽으로 방을 잘 구획 지어 차분한 공간으로 만들었다.

DATA

소재지 : 가나가와 현
대지 면적 : 190.40㎡ (57.60평)
연면적 : 127.74㎡ (38.64평)
구조 : 목조
규모 : 지상 2층

ARCHITECT

요코야마 아쓰시/
요코야마 디자인사무소
Tel : 045-325-6045 (가나가와 현)

조망 좋은 방을 갖고 싶다

004

거실에서 즐기는
파노라마 조망

**주차장을 두기 위해
건물을 대지 남쪽에 배치**

부부 모두 차로 통근을 하기 때문에 차 2대를 세울 수 있는 주차장이 필요했다. 그 때문에 건물을 대지 남쪽에 지었고, 2층을 1층보다 돌출시켰다.

**현관을 1층 마루보다
높여서 2층으로 오르는
계단 수를 줄이다**

현관에서 2층으로 올라가는 계단은 총 12단이다. 2층과 이어지는 현관을 1층 마루보다 높여서 2층의 높이도 별로 높지 않다. 거실이 있는 2층에 드나들기 쉽도록 한 설계자의 고려다.

수납방1

수납방2

현관

UP

UP

안방
(약 19㎡)

세면실

UP

욕실

1F

0 1 2 3m

**경치를 구경할 수 있는
밝고 깨끗한 남향 욕실**

욕실과 세면실은 1층 남쪽에 있다. 욕실은 테라스와 가까워 탕 속에서 바깥 경치를 구경할 수 있다. 세면실에 따로 칸막이를 하지 않아서 복도가 넓게 느껴진다. 사용 시 커튼으로 가림막을 칠 수 있다.

남 쪽으로 난 파노라마창이 매력적인 집이다. 집밖의 풍경은 가족의 화목에도 영향을 끼친다. 2층 거실보다 반 층 높은 곳에 있는 북쪽 방은 아이 방이다. 거실과 아이 방은 미닫이문으로 나눴는데, 아이가 아직 어려서 현재는 열어 놓고 쓴다. 덕분에 거실에서도 아이 방을 살필 수 있다.

**북측 아이 방에도
빛을 비추는 루프 테라스**
아이 방 계단을 오르면 루프 테라스가 나온다. 위를 올려다 보면 파란 하늘이다. 내리쬐는 빛이 테라스를 거쳐서 아이 방으로 들어온다.

현관과 실내에 단차를 두다

침실과 욕실, 세면실이 있는 1층. 현관에서 남쪽으로 죽 뻗은 복도는 각 방으로 이어진다. 방 쪽으로 가려면 계단을 세 단 내려가야 하고, 남쪽 테라스를 이용할 때는 다시 계단을 세 단 올라가야 한다. 현관과 방 사이에 의도적으로 단차를 둬서 공간의 분위기를 전환했다.

아이 방
(약 19㎡)

UP

주방(약 9㎡)   UP
                DN

거실·식당(약 26㎡)

2F

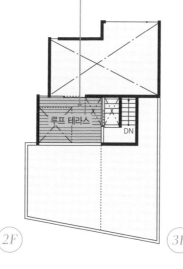

루프 테라스

DN

3F

DATA
소재지 : 도쿄 도
대지 면적 : 165.30㎡ (50.00평)
연면적 : 119.71㎡ (36.21평)
구조 : 목조
규모 : 지상 2층

ARCHITECT
가스야 아쓰시, 가스야 나오코/
가스야 아키텍트오피스
Tel : 03-3385-2091 (도쿄 도)

**천장 높이의 창으로
경치를 감상**
남쪽으로 난 파노라마창. 가족과 주변 풍경을 즐기기 위해 거실과 식당을 2층에 배치했다.

조망 좋은 방을 갖고 싶다

🏠 *005*

주택이 밀집된 곳에서 풍경을 즐기는 방법

식탁 위 천창에서 내리쬐는 빛

1층 북쪽 위에 정사각형 천창을 설치해서 식탁이 늘 화사하다. 식당과 이어지는 테라스까지 빛이 들어서 북향임에도 무척 밝다.

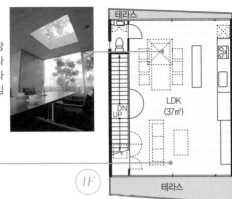

1F

1층 양쪽으로 테라스를 두어 채광과 통풍이 좋은 집

1층 남쪽과 북쪽에 각각 테라스가 있어서 빛이 잘 든다. 1층은 지반보다 반 층 위에 위치해 빛의 양도 충분하다.

BF

이 집은 대지의 모양이 독특하다. **깃대 부지(좁은 골목을 지나야 다다를 수 있는 대지. 깃대에 해당하는 골목과 깃발 형상의 네모난 땅의 조합을 일컬음)**의 진입로를 지나면 현관이 보인다. 반 층 아래에 만든 지하실은 붙박이장이 있는 예비실이다. 현관홀을 없애서 공간을 최대한 확보했다. 계단을 오르면 보이는 1층 북남쪽의 테라스는 신록이 넘실대는 공중 정원 같다. 공간을 덜 나누어 합리적인 생활 동선을 구현했다.

드라이 에어리어로 반지하 예비실의 채광 확보

반지하층에 있는 예비실은 **드라이 에어리어(dry area, 건물 주위를 파내려가서 한쪽에 옹벽을 설치해 방습, 채광, 통풍 등을 보완하는 공간)**에서 빛을 받기 위해 예비실의 입구 쪽 코너를 개방했다.

테라스

계단실

RF

북향이지만 밝고 깨끗한 느낌의 화장실

테라스 쪽으로 크게 개방한 화장실. 북향이지만 따뜻한 빛이 종일 들기 때문에 낮에는 항상 밝고 화사하다.

2층 북쪽에는 화장실을, 남쪽에는 침실을 배치했다. 화장실은 변기, 세면대, 욕조가 일직선상에 설계된 스리인원(three in one) 구조이며, 실내는 화이트로 마감했다. 테라스 쪽으로 창이 나 있지만 울타리와 나무로 둘러싸여 있어서 이웃의 시선에서 자유롭다. 남쪽에 있는 침실은 벽과 천장을 회반죽으로 마감했다. 이곳의 테마 색도 화이트다.

테라스

세면실·탈의실(6㎡) 욕실

침실
(13㎡)

DN

2F

울창한 숲과 정원의 푸름이 느껴지는 침실

대지의 동쪽으로 숲이 울창한 공원이 있고, 남쪽은 이웃의 정원과 마주하고 있다. 2층 침실은 양방향으로 창과 문을 내서 주위 경관과 실내 공간을 조화시켰다.

DATA
소재지 : 도쿄 도
대지 면적 : 105.10㎡ (31.79평)
연면적 : 119.82㎡ (36.25평)
구조 : 철골조 + 목조
규모 : 지하 1층 + 지상 2층

ARCHITECT
시미즈 사다히로, 마쓰자키 마사토시, 시미즈 유코/atelierA5
Tel : 03-3419-3830 (도쿄 도)

조망 좋은 방을 갖고 싶다

노출을 조절할 수 있는 창
식당 창은 양쪽으로 나 있고
모두 노출을 조절할 수 있다.
북쪽 창은 테라스와 가까우며
잡목림이 보인다. 남쪽 창은
그보다 크기가 작다.

006

공간을 돌출시켜
전망을 살린 집

1F

테라스
주방(7㎡)
침실(9㎡)
식당(18㎡)
현관
거실(10㎡)
UP
DN

BF

예비실
차고
UP

동선과 생활의 편의를
고려한 신혼부부 공간
남쪽에는 거실을, 북쪽에는
침실을 배치했다. 단출하지
만 동선에 주방과 욕실을 넣
어 생활이 편리하다.

부 모님과 함께 사는 2세대 주택으로 각 공간을
여러 방향으로 돌출시켜 전망과 함께 세대 간
의 프라이버시를 확보했다. 대지 남쪽으로 난 도로의
연장선상에 2층 거실을 배치하고, 거실 북쪽과 남쪽
에 크게 창을 내어 주택가를 비롯해 바깥 경치가 무
척 잘 보인다.

차고와 연결된 반지하 예비실
현관보다 반 층 아래에 있는 예비
실. 철근콘크리트조와 노출콘크리
트로 시공했다.

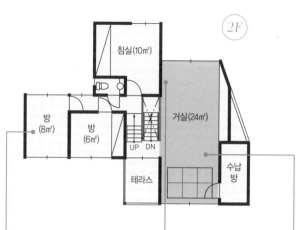

침실(10㎡)

방
(8㎡)

방
(6㎡)

UP DN

거실(24㎡)

테라스

수납
방

2F

공간 배치 포인트

2세대가 함께 사는 주택으로 만들기 위해 스킵플로어를 채용

부모님과 함께 살기 위해 지은 집인 만큼, 2세대의 공간을 잘 나누는 게 과제였다. **스킵플로어(skip floor, 바닥의 일부를 반 층씩 높이는 설계 방식)** 구조로 설계해 다양한 공간감을 살렸다. 1층에는 거실과 주방을 갖춘 신혼부부의 공간을 마련했고, 반 층 올라가면 식당이 나오는데, 이곳은 양 세대가 함께 이용한다.

창밖 풍경이 눈에 띄는 무채색 인테리어

벽면에 수납공간을 만들어 깔끔하게 정리한 거실. 무채색으로 마감한 실내 인테리어와 창밖 풍경이 극명하게 대비된다.

DATA

소재지 : 가나가와 현
대지 면적 : 152.39㎡ (46.10평)
연면적 : 184.96㎡ (55.95평)
구조 : 목조 + 철근콘크리트조
규모 : 지하 1층 + 지상 2층

ARCHITECT

가와베 나오야/
가와베 나오야 건축설계사무소
Tel : 03-6277-4155 (도쿄 도)

상부 창으로 각 방을 쾌적하게

2층에는 가족들의 방을 배치했다. 방은 창을 크게 내지 않았지만, 의자에 앉아서 하늘과 나무를 볼 수 있도록 벽면 상부에 긴 창을 두었다.

거실 양쪽으로 창을 내 주변 풍경이 한눈에 들어온다

대지 남쪽에는 직선으로 뻗은 도로가 있다. 거실은 그 도로의 연장선에 있다. 남과 북으로 양쪽에 난 창을 통해 주택가와 신록의 풍경이 잘 보인다.

007

유쾌한 공간, 조망이 좋은 집

전망 좋고 넓은 원룸형 1층 거실

전망 좋고 넓은 원룸형 1층 거실
LDK는 반자널 없이 천장 공간을 확보해 서까래를 연출했다. 기둥과 보는 갈색으로 칠해서 튼튼해 보이고, 안정감이 느껴진다.

커다란 사각 테이블이 놓인 식당
벽 가까이에 붙어 앉을 수 있어서 안정적이다. 창으로 들어오는 경치도 일품이다. 테이블의 한 변은 1.6m이며, 벤치는 맞춤형이다.

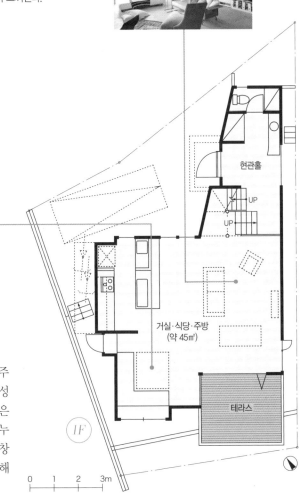

현관홀

UP

UP

거실·식당·주방
(약 45㎡)

테라스

1F

0 1 2 3m

1층은 커다란 원룸 형태다. 거기에 식당과 주방, 계단 등 서로 다른 분위기의 공간을 조성해서 유쾌하면서도 편의성 높게 꾸몄다. 계단은 현관홀과 LDK를 이어주면서 공간을 적당히 나누는 역할도 한다. 전망이 좋은 방향으로 커다란 창이 나 있고 나머지 공간은 깨끗한 벽으로 마감해 차분한 느낌을 준다.

큰 창이 있는 넓은 욕실

스리인원 구조의 넓은 욕실은 무척 쾌적하고 화사하다. 욕실 카운터의 기다란 세면대에는 수도꼭지를 2개 달아 두 사람이 동시에 씻어도 여유 있다.

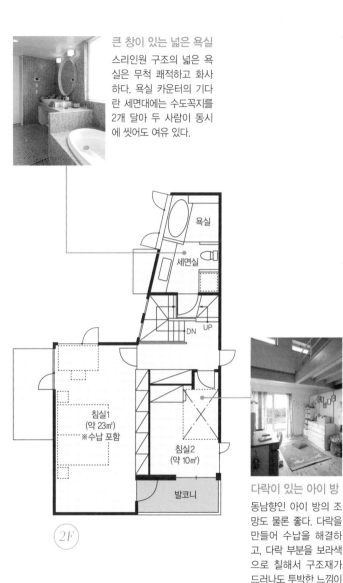

침실1
(약 23㎡)
※수납 포함

침실2
(약 10㎡)

욕실

세면실

DN   UP

발코니

2F

공간 배치 포인트
가족 수의 변화를 생각해 가변성 좋은 구조로 꾸미다

변기, 세면대, 욕조는 한 공간에 모았다. 북서쪽에 커다란 창을 달아서 조망을 확보했다. 아이가 더 생기면 현재 아이 방으로 쓰고 있는 침실2를 안방으로 쓰고, 침실1을 남쪽 방과 북쪽 방으로 나눌 예정이다. 침실을 나누고 있는 칸막이 겸용 수납장이 가동식이라 큰 공사 없이 구조 변경이 가능하다.

다락이 있는 아이 방

동남향인 아이 방의 조망도 물론 좋다. 다락을 만들어 수납을 해결하고, 다락 부분을 보라색으로 칠해서 구조재가 드러나도 투박한 느낌이 들지 않는다.

DATA
소재지 : 가나가와 현
대지 면적 : 130.27㎡ (39.41평)
연면적 : 120.76㎡ (36.53평)
구조 : 목조
규모 : 지상 2층

ARCHITECT
한가이 진코/
A.P.S.설계실
Tel : 03-5430-3131 (도쿄 도)

개방성 좋은 거실을 중심으로 생활하다

여러 용도로 쓸 수 있는 지하 방

지하는 입구 가까운 쪽부터 다다미방, 서재, 침실 순으로 배치했다. 모두 북향이다. 미닫이문을 열면 방과 방이 연결되며 용도에 따라 자유롭게 공간을 나눠 쓸 수 있다. 침실에는 붙박이 책장을 설치해 다량의 책을 수납했다.

대용량의 수납이 가능한 수납방

9㎡짜리 방 하나는 오직 수납을 위한 공간으로 쓴다. 이 방을 다른 방들이 둘러싸고 있다.

BF

다다미방 (8㎡)

서재 (4㎡)

현관 2
UP

수납방(9㎡)

침실 (14㎡)

테라스

0　1　2　3m

바람이 잘 통하는 쾌적한 화장실

화장실은 벽으로 둘러싸인 남쪽 모퉁이에 있다. 드라이 에어리어와 가까워 이곳에서 빛이 들어온다. 지하지만 통풍이 잘 돼서 무척 쾌적하다.

경사면에 세운 이 건물은 1층의 전망이 탁 트여 있다. 전망이 좋은 대지의 장점을 살려서 밖으로 크게 전면창을 내고, 그곳에 거실과 식당을 배치했다. 주방은 1층 중앙부에 있다. 철근콘크리트 벽에 둘러싸인 부스형 주방이 거실의 출입구를 지지한다. 창이 난 주방에서는 식사 준비를 하면서 바깥을 볼 수 있다.

가구의 크기를 기준으로 공간의 넓이를 결정

저 멀리 산과 동네가 내려다보이는 거실. 벽의 폭과 높이 등 공간의 세세한 넓이를 가구의 크기에 맞춰 설계했다. 가구는 집주인이 이사하기 전부터 쓰던 것이다.

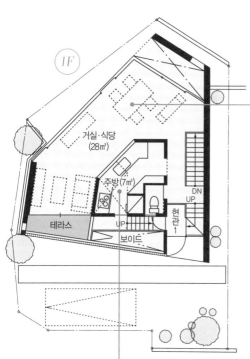

안락하게 꾸민 지하층

지하층은 여러 개의 방으로 안락하게 꾸몄다. 방과 방 사이의 미닫이문을 열고 닫아서 공간 구획을 마음대로 바꿀 수 있다. 중앙의 수납방을 둘러싸듯 각 방과 욕실을 배치했다. 집 정면에 도로가 있어서 창과 출입문은 최소한으로 설계했다.

조망 좋은 방을 갖고 싶다

DATA

소재지 : 가나가와 현
대지 면적 : 121.87㎡ (36.87평)
연면적 : 109.99㎡ (33.27평)
구조 : 철근콘크리트조
규모 : 지하 1층 + 지상 1층

ARCHITECT

가와베 나오야/
가와베 나오야 건축설계사무소
Tel : 03-6277-4155 (도쿄 도)

바깥 경치를 볼 수 있는 부스형 주방

1층 한가운데 있는 주방은 구조적으로 거실과 식당의 출입구를 지지하는 역할을 한다. 부스형을 채택해서 주방의 살림살이를 숨기고 카페처럼 멋스럽게 설계했다. 주방에서도 바깥 경치가 한눈에 보인다.

동서를 관통하는
보이드의 매력적인 풍경

**유리 파티션을 설치해
넓고 밝게 느껴지는 화장실**

욕실과 세면실 사이에 반절짜리
유리 파티션을 설치해, 공간을
분할하면서 넓은 공간감은 살렸
다. 흰색 타일과 페인트로 심플
하게 마감했다.

**리듬감 있는 구조의
유쾌한 생활공간**

보이드가 있는 정원에 들어서
면 **심볼 트리(symbol tree, 정원
의 성격을 가장 잘 나타내는 중심
이 되는 나무)**가 사람을 맞는다.
이 공간은 집의 높이를 환기시
키며, 작은 안마당 같은 역할을
한다. 현관에 들어서면 외부처럼
밝은 거실과 연결된다.

입구 정원 · 현관 · 외투실 · 세면실 · 욕실 · 주방 · 가족 거실(24㎡) · 주차장 · UP

0 1 2 3m

**보여지는 공간과 그렇지 않은
공간을 확실하게 나누다**

아이들 거실이 있는 2층에서 1층
을 내려다 본 모습이다. 보이드된
천장 덕분에 1층과 2층이 열려 있
는 공간이 되었다.

주변 건물과 가까운 1층에는 창과 출입문을 최소한
으로 냈다. 대신 1층에서 2층까지 이어지는 보이
드 덕분에 폐쇄적인 느낌이 없다. 특히 개방형 주방과
식당이 함께 있는 거실은 보이드를 끼고 있어서 실제
면적보다 넓게 느껴진다.

**용도에 맞게 꾸민
아이들 거실과 아이 방**

독서, 피아노 연습, 놀이방으로 쓸 수 있는 아이들 거실. 아이들의 전용 거실을 만든 대신, 아이 방은 공부와 취침 정도만 가능하도록 작게 만들었다.

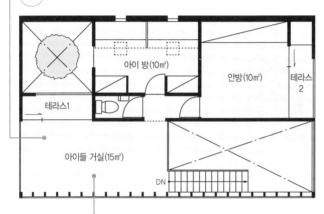

(2F)

아이 방(10㎡)

안방(10㎡)

테라스2

테라스1

아이들 거실(15㎡)

DN

**동쪽과 서쪽을
연결하는 수평 보이드**

설계자가 이 집의 주거 콘셉트로 삼은 수평 보이드. 45cm 간격으로 늘어선 두께 33mm짜리 구조 기둥이 공간에 원근감을 더한다.

공간 배치 포인트
프라이버시 보호를 위해
창이 적은 북쪽에 방을 배치

2층에는 남쪽의 아이들 거실을 비롯해 아이 방, 안방이 있다. 아이들을 위한 거실을 따로 조성한 대신 아이 방은 크게 만들지 않았다. 남쪽 창으로는 유백 폴리카보네이트와 유리를 섞은 복합유리로 마감해 채광을 확보하면서 바깥 시선은 차단했다. 프라이버시를 보호하기 위해서 북쪽에는 창을 거의 내지 않았다.

조망 좋은 방을 갖고 싶다

DATA
소재지 : 사이타마 현
대지 면적 : 101,30㎡ (30.64평)
연면적 : 107,49㎡ (32.52평)
구조 : 목조
규모 : 지상 2층

ARCHITECT
이마나가 가즈토시/
이마나가 환경 계획
Tel : 03-3415-7801 (도쿄 도)

툇마루가 있는
창가에서
신록을 즐기다

미닫이문으로 개방 정도를 조절할 수 있는 침실

집 가장 안쪽에 있는 침실. 침실은 양방향으로 미닫이문을 설치해 문을 닫으면 외부에서 완전히 차단된다. 오른쪽에 있는 벽장은 수납방에서도 쓸 수 있다.

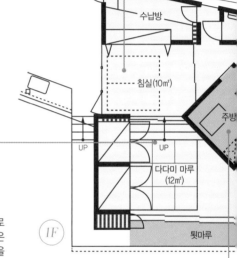

수납방

침실(10㎡)

주방

UP   UP

다다미 마루
(12㎡)

1F

툇마루

다다미를 깔아서 색다른 분위기로 만든 마루

갈색 다다미를 깔아서 새로운 분위기로 만든 마루 공간. 옆쪽 벽에는 크고 넓은 창고를 설치했다. 창고 문과 벽의 톤을 맞춰서 무척 깔끔하다.

사각형 건물 한가운데에 박스형 주방을 45도 각도로 설치해서, 주변으로 4개의 커다란 공간이 생겼다. 이 네 공간은 모두 연결되어 있다. 독특한 주방 배치로 생기는 사각지대는 집에 입체감을 불어넣는다. 내벽을 검게 칠해서 실내를 어슴푸레하게 연출했고, 주방과 화장실에는 천창을 설치해 밤낮의 대조가 선명하다.

천창에서 빛이 내리쬐는 개방형 주방

본채와 45도 방향으로 비스듬하게 설치한 상자형 주방. 집 한가운데 있어서 이용이 편리하다. 낮에는 자연광이 주방을 화사하게 만들고 바깥 풍경이 내려다보이는 조망이 무척 좋다.

내려다보는 즐거움이
있는 윗마루

윗마루에서는 아랫마루와 그 반대쪽의 경치를 내려다볼 수 있다. 마치 무대와 같은 느낌이다. 다다미방은 주방에 가려 보이지 않는다. 박스형의 주방이 다다미방의 파티션 역할을 하는 셈이다.

전실(7㎡)

루─식당(14㎡)

UP

UP

UP

랫마루
(12㎡)

0 1 2 3m

노출 수납으로
숍처럼 꾸민 전실

집주인의 취미로 늘어난 아웃도어 용품은 현관 전실에 보관 중이다. 처음에는 벽으로 수납 공간을 나누려고 했으나 숍 디스플레이처럼 노출시키기로 결정했다. 전실의 한가운데에는 벤치를 놓아 각종 용품을 착용하는 데 편하다.

툇마루와 이어지는 아랫마루

천장 높이가 가장 낮은 곳에 있는 아랫마루. 이곳에 앉으면 마음이 차분해진다. 기둥이 전혀 없는 남쪽 창을 열면 신록 가득한 외부와 하나가 된 듯한 느낌이 든다.

공간 배치 포인트

실내의 경사와 단차를 이용해
집에 개성을 불어넣다

대지의 단차에 맞춰 거실 마루도 높이를 달리해 만들었다. 또 경사진 대지의 모습과 어울리게 집 전체를 한 장의 경사 지붕으로 덮었다. 가장 높은 북쪽 천장의 높이는 3m 40cm, 남쪽 처마 끝의 높이는 1m 78cm로 차이가 많이 난다. 천장 높이의 차이로 실내는 좌식과 입식 생활 공간으로 나뉘면서 집에 개성이 생겼다.

DATA
소재지 : 가나가와 현
대지 면적 : 479.00㎡ (144.90평)
연면적 : 98.31㎡ (29.74평)
구조 : 목조 + 철골조
규모 : 지상 1층

ARCHITECT
기시모토 가즈히코/
acaa
Tel : 0467-57-2232 (가나가와 현)

조망 좋은 방을 갖고 싶다

구조벽과 기둥이 없어서 깔끔한 외벽창
거실 겸 식당이 있는 곳의 시원하게 뚫린 외벽창은 지하실 겸 기초를 채용한 결과다. 건물 중앙부에 수평으로 가해지는 힘을 견디는 철근콘크리트조의 문 형태 프레임을 설치해, 목조 건물의 외주부에 구조벽이 필요 없어졌다.

서재

주방(11㎡)

거실·식당(21㎡)

발코니

UP

현관

DN

1F

011

어려운 대지 조건을 극복하고 자연을 가까이 맞이하다

취미실

UP

BF

건물을 지탱하는 튼튼한 기초 겸 지하실
지하는 취미실이다. 지금은 수납창고로 쓰고 있다. 식기를 비롯한 다양한 도구를 수납한다.

대지에는 축대를 쌓았다. 도(都)의 조례에 따른 것이다. 애초에 축대 위쪽의 대지만 쓸 생각이었지만, 깃대 부지여서 충분한 면적이 나오지 않았다. 그때 채택한 것이 지반을 개량할 때 파낸 공간을 지하 겸 기초로 삼는 안이었다. 철근콘크리트로 된 문 모양 프레임을 여러 겹 쌓아서 건물을 지탱하는 기초를 만들었다. 결과적으로 목조로 된 건물의 외주부에 구조벽을 설치할 필요가 없어졌다.

역ㄷ자 형태의 주방은 집의 중심

바깥 경치를 보면서 주방일을 하고 싶어 한 안주인의 요청으로 주방을 집 중심에 두었다. 현관과 거실 쪽에 2개의 통로가 있어서 드나들기에도 좋다.

드레스룸이 있는 침실

침실에는 드레스룸을 만들었다. 오픈 수납이 가능한 장을 설치해 물건이 어디 있는지 한눈에 알 수 있다. 드레스룸 안을 통과할 수 있는 구조라 무척 편하다. 드레스룸 벽에 붙은 판자들은 고양이용 계단이다.

2F

세탁이 편해지는 가사 공간

세탁기는 2층 세면실 겸 탈의실이 있는 곳에 놓았다. 세탁물은 2층 발코니에 건조하고, 다 마르면 바로 가사 공간에서 다림질을 한다. 동선을 줄여서 일의 효율을 높였다.

주방을 중심에 두고 거실, 식당, 서재를 배치

지하는 건물의 기초 겸 취미실이다. 1층은 문 형태 프레임으로 에워싼 주방이 중심에 있고, 남쪽에는 거실과 식당, 북쪽에는 서재를 배치했다. 대량 수납이 가능한 지하가 있어서 1층은 소품 위주로 깔끔하게 꾸밀 수 있었다.

조망 좋은 방을 갖고 싶다

DATA

소재지 : 도쿄 도
대지 면적 : 183.32㎡ (55.45평)
연면적 : 193.32㎡ (58.48평)
구조 : 목조 + 철근콘크리트조
규모 : 지하 1층 + 지상 2층

ARCHITECT

시미즈 가쓰히로/
MS4D
Tel : 03-5937-5810 (도쿄 도)

27

확성기 모양으로
시야를 튼 주택

아이 방은 작게 조성
아이 방은 공부와 수면 용도로만 쓸 수 있게 공간을 최소화했다. 앞으로 방을 2개로 나눌 예정이다.

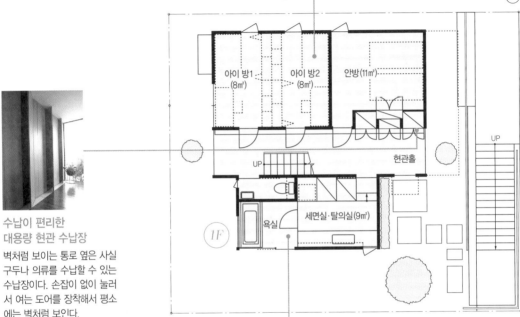

아이 방1
(8㎡)

아이 방2
(8㎡)

안방(11㎡)

UP

현관홀

UP

욕실

세면실·탈의실(9㎡)

1F

**수납이 편리한
대용량 현관 수납장**
벽처럼 보이는 통로 옆은 사실 구두나 의류를 수납할 수 있는 수납장이다. 손잡이 없이 눌러서 여는 도어를 장착해서 평소에는 벽처럼 보인다.

대지의 남서쪽 전면 도로로 조망이 펼쳐진다. 집 주인의 요구에 따라 조망창을 도로 방향으로 냈다. 사생활 보호를 위해서 LDK는 2층에 배치했다. 축대와 인접한 공간은 천장의 높이를 낮추고 주방으로 삼았다. 주방은 식당과 거실로 이어진다. 거실창으로는 차열성이 좋은 로이유리(LOW-e glass)를 채용했다.

기능성 좋은 북서쪽 공간
경사 제한에 따라 높이를 낮춘 북서쪽에 상자형 공간을 만들었다. 이곳에는 화장실과 드레스룸 등 기능성을 위주로 공간을 배치했다.

구조물이 없는
열린 공간을 실현

양쪽 벽에 받침 형태의 천장을 얹은 특수한 구조의 2층 공간. 시야를 가로막는 기둥과 같은 구조물을 없애서 안 팎 공간을 일체화했다.

주방과 거실은 넓게,
방은 작게

1층은 방과 화장실이 있는 프라이빗 존이다. 다른 공간을 조금 희생하더라도 거실이 넓었으면 좋겠다는 집주인의 요구에 따라 방은 간소하게 만들었다. 방범을 생각해서 창 크기를 줄였다. 상자형 공간은 기능성 위주로 꾸몄다.

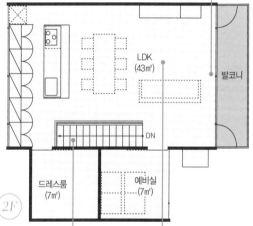

LDK
(43㎡)

발코니

DN

2F

드레스룸
(7㎡)

예비실
(7㎡)

조망 좋은 방을 갖고 싶다

DATA
소재지 : 가나가와 현
대지 면적 : 153.63㎡ (46.47평)
연면적 : 119.24㎡ (36.07평)
구조 : 목조
규모 : 지상 2층

ARCHITECT
모리 기요토시, 가와무라 나쓰코/
MDS 1급 건축사사무소
Tel : 03-5468-0825 (도쿄 도)

확성기 모양의 거실
2층 천장은 주방이 가장 낮고, 주방에서 앞으로 갈수록 점점 높아진다. 공간의 형태는 확성기를 닮았다. 거실 마루와 연결되는 발코니에 잔디를 심어 자연을 더 가까이 두었다.

시각적 효과와 공간의
연결성을 고려한 계단 배치
계단을 오를수록 창 너머로 시야가 점점 트여 개방감을 만끽하게 된다. 계단 위쪽 보이드가 위아래를 연결해서 층은 달라도 서로의 기척을 느낄 수 있다.

천장 높이를 달리해서 실내를 다채롭게

1층은 천장 높이에 따라 쓰임을 구분했다. 주방은 2m 높이의 편평한 천장이고, 거실은 보이드가 있어 오픈된 천장이다. 천장 높이로 공간을 구분하고 개방감을 높였다.

초목으로 담장을 대신하다

실내에 들어오면 동쪽을 바라보도록 서쪽은 아예 막았다. 공간을 인위적으로 나누지 않고 도로와 건물 사이에 초목을 심어 구분했다.

집 안팎으로 공간을 열다

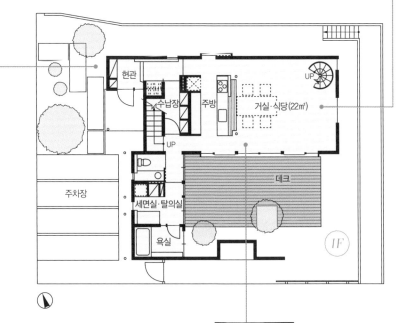

현관

수납장

주방

거실·식당(22㎡)

UP

UP

주차장

세면실·탈의실

욕실

데크

1F

방과 방, 실내와 외부를 잇는 보이드

건물 중앙의 보이드는 실내 공간을 모두 잇는다. 집 어디에 있든 가족의 인기척을 느낄 수 있다.

건물을 L자형으로 배치했고, 그 앞에 LDK와 비슷한 면적의 데크를 마련했다. L자형 구조의 한쪽에 욕실과 세면실을 이어서 배치하고 LDK는 넉넉한 공간에 두었다. 1층 어디에서나 바깥 풍경이 보인다. 보이드를 둔 LDK의 일부 공간은 천장이 있는 주방에 비해 개방성이 좋다.

손님용 예비실에
따로 마련한 나선 계단

손님이 오면 안방을 통하지
않고 예비실로 바로 올라갈
수 있도록 동쪽에 계단을 하
나 더 만들었다.

DN

안방
(약 10㎡)

보이드

DN

예비실
(약 7㎡)

2F

개폐식 장지문으로
공간을 구분

벽면에 장지문을 달았
다. 열어 놓으면 보이드
를 통해 1층과 연결되
고, 닫아 놓으면 독립된
공간이 된다. 안방도 같
은 구조다.

공간 배치 포인트

복도 서재와 벽면 수납 등
꼼꼼한 공간 활용

2층에는 보이드를 포함해 안방과
예비실이 있다. 보이드는 각 방
의 장지문과 접해 있어서 문을 열
면 1층 거실은 물론, 데크까지 이
어진다. 2층의 방들은 동서로 각
각 떨어져 있는데 방마다 계단이
따로 있어서 무척 편리하다. 복도
벽에는 서재 코너와 수납 기능을
더해 공간 활용성을 높였다.

DATA
소재지 : 사이타마 현
대지 면적 : 238.63㎡ (72.19평)
연면적 : 91.49㎡ (27.68평)
구조 : 목조
규모 : 지상 2층

ARCHITECT
혼마 이타루/
블라이슈티프트
Tel : 03-3321-6723 (도쿄 도)

014

주변의 풍경을 들이고
실내는 안락하게

**뒤뜰을 보며
피곤을 푸는 욕실**

여러 개의 건물을 붙여 놓은
듯한 집 구조 때문에 대지와
건물의 사이에 뜰이 생겼다.
욕실에서도 뒤뜰이 보여 외부
를 차단하면서 연결하는 낮은
창을 설치했다.

**다실 같은 느낌의
다다미방**

안방으로 쓰는 1층 다다미방의 넓
이는 7㎡로, 천장까지의 높이는
2m다. 좁지만 다실 같은 분위기
로 꾸며 마음까지 넉넉해진다.

주차장1

예비실
(약 7㎡)

UP

욕실

세면실

드레스룸

현관

주차장2

다다미방
(7㎡)

주차장3

1F

**심볼 트리가 아름다운
현관 진입로**

심볼 트리로 벚나무와 쇠
물푸레를 심었다. 나무
그늘을 통과해 실내로 들
어간다. 여름에는 무성해
진 뜰이 주변 경관과 잘
어우러진다.

가족 공간을 확보하기 위해 1층은 천장고를 낮게 설
계하고, 가족들이 모이는 식당과 주방 공간은 넉
넉하게 만들었다. 반면에 방은 비교적 작게 설계했다. 공
간을 융통성 있게 꾸며 생활하기에 부족함이 없다. 집은
전체적으로 사다리꼴인데, 비교적 넓은 남쪽 공간에 창
을 내서 방 크기와 상관없이 널찍하게 지낼 수 있다.

32

남쪽 창을 통해 숲을 느낀다

사다리꼴의 방이 횡으로 연결된 구조여서 건너 벽이 실제보다 멀게 느껴진다. 넓게 트인 남쪽 창밖으로 신록이 보인다.

보이드

다락 수납방

DN

보이드　　보이드

LOFT

서비스 발코니

DN

거실
(약 7.5㎡)

아이 방3
(약 4㎡)

다용도실

식당·주방
(약 26㎡)

테라스

서재

아이
방1
(약 5㎡)

아이
방2
(약 5㎡)

2F

신록이 펼쳐지는 개방성 좋은 거실

거실의 넓이는 7㎡에 불과하지만, 남쪽에 설치한 널따란 테라스와 이어져 있어서 개방성이 좋다.

공간 배치 포인트
천장의 높이가 낮아서 더 안락한 공간

천장의 높이는 2m로, 공간의 넓이와 천장 높이의 균형을 고려했다. 덕분에 시야가 신록이 우거진 창 쪽으로 넓게 트여서 답답한 느낌이 없이 안락하다. 안방에서 드레스룸, 세면실로 이어지는 동선이 부드럽다.

DATA
소재지 : 가나가와 현
대지 면적 : 132.27㎡ (40.01평)
연면적 : 108.49㎡ (32.82평)
구조 : 목조
규모 : 지상 2층

ARCHITECT
호리베 야스시/
호리베 야스시 건축설계사무소
Tel : 03-3942-9080 (도쿄 도)

강과 가로수가 보이는
조망 좋은 식당

**실내 곳곳에 흩뿌려진 도트가
디자인의 핵심**

실내는 차분한 색채를 써서 군더더기 없이 마
감했다. 곳곳에 흩뿌려진 작은 도트가 잔잔한
포인트가 되어 준다.

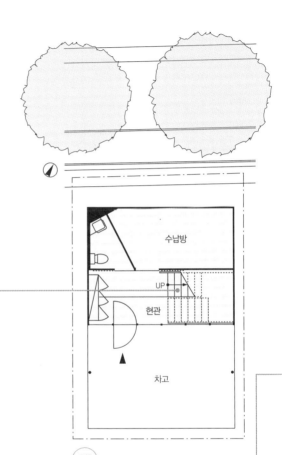

수납방

UP

현관

차고

1F

대 지 부근의 강과 그 너머로 보이는 가로수 등 주
변 자연환경에 순응하는 설계로 계획했다. 강
쪽 도로보다 대지의 지반이 낮아서 1층에는 창을 내지
않았다. 이곳은 화장실이나 창고 같은 용도로 제격이
다. 덕분에 2층과 3층의 공간 활용도가 높아졌다.

**여름에는 시원하게
겨울에는 따뜻하게**

방사 냉온방 스크린으로 공간
을 나누었다. 이 스크린은 여
름에는 냉수가, 겨울에는 온수
가 파이프를 돌아 냉방과 온방
을 동시에 할 수 있는 설비다.

바람이 잘 통하고 풍경도 아름다운 북쪽 대형 창

2층 북쪽에 대형 창을 내서 식당에서 강과 가로수가 무척 잘 보인다. 식사 도중 강을 헤엄치는 물고기를 발견하는 일도 있다고.

벽 두께를 얇게 해서 공간을 확보

넓은 공간을 확보하기 위해 벽 두께를 줄였다. 이를 위해 외벽 패널을 그대로 실내 벽으로 쓰거나, 화장실에 유리벽을 쓰는 등 벽 소재를 엄선했다. 칸막이벽을 최대한 줄이기 위해 공간 배치에도 신경을 썼다. 또 미닫이문을 설치해서 동선의 효율성을 높였다.

조망 좋은 방을 갖고 싶다

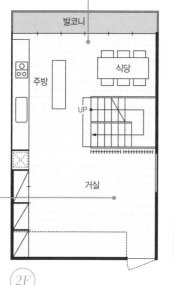

2F

3F

계단실과 보이드가 위아래 층을 연결

계단실과 보이드를 활용해 3층을 원룸 형태로 만들었다. 3층 일부에 설치한 천창을 통해 들어오는 빛이 2층까지 비춘다. 공기 순환기인 서큘레이터를 돌리면 층간 공기 순환도 좋아진다.

DATA
소재지 : 도쿄 도
대지 면적 : 64.07㎡ (19.38평)
연면적 : 129.86㎡ (39.28평)
구조 : 철골조
규모 : 지상 3층

ARCHITECT
곤노 마사히코/
곤노 마사히코 건축설계사무소
Tel : 03-3630-0537 (도쿄 도)

**대나무 천장으로 마감한
다다미방**

별채처럼 꾸민 다다미방. 이웃과 마주
하지 않도록 서쪽에 창을 냈다. 오른
쪽 벽의 슬릿창으로 산딸나무가 보인
다. 일부 유리로 된 장지문을 열면 나
무가 보인다. 얕은 담을 세웠다.

 016

계절의 변화가
느껴지는 집

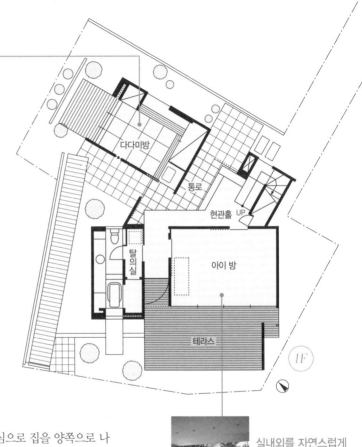

**실내외를 자연스럽게
연결한 아이 방**

아이 방 앞으로 왼쪽에
벽을 세우고 원목 데크를
시공해 공간을 개방했다.
이곳에 있으면 계절의 변
화가 한껏 느껴진다.

외부와 연결되는 1층 통로를 중심으로 집을 양쪽으로 나
눴다. 한쪽은 풍경을 그대로 들인 개방 공간으로 만들
어서 넓은 테라스와 아이 방을 배치했다. 아이 방 옆의 화장
실은 변기, 세면기, 욕조가 같이 있는 스리인원 구조다. 반대
편에 있는 다다미방은 사방을 벽으로 둘러 외부와 차단하고
창밖으로 안락한 경치를 즐길 수 있게 배치했다.

**통로와 연결되어
넓어 보이는 침실**

침실은 넓은 편은 아니다. 침실의 천장 높이는 통로와 맞추었고, 통로에 수납공간을 마련했다. 방과 통로의 경계가 불분명해서 넓어 보이는 효과가 있다.

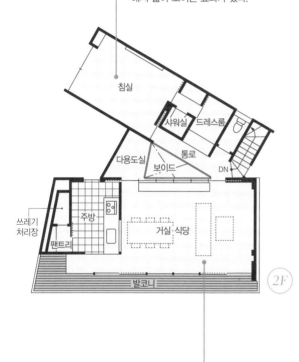

침실

사워실　드레스룸

다용도실　통로　DN

보이드

주방

쓰레기
처리장

팬트리

거실·식당

발코니

(2F)

**프레임 안에 바깥 풍경이
펼쳐지는 거실**

바깥 풍경을 감상하기 좋도록 확성기 모양의 끝 부분에 전면창을 냈다. 창의 폭은 7m로 저 멀리 산까지 한눈에 들어온다.

공간 배치 포인트
회유하는 동선으로
공간감을 강조

2층은 보이드를 중심에 놓고 회유하는 동선으로 각 공간이 이어진다. 미닫이문으로 실내를 구획해서 문을 열면 거실, 식당, 침실, 다용도실이 차례로 연결된다. 이런 설계가 거실을 더 넓어 보이게 한다. 주방은 반개방형이며 뒤쪽에 식료품 창고인 팬트리를 배치해 편리하다.

DATA
소재지 : 가나가와 현
대지 면적 : 202.34㎡ (61.21평)
연면적 : 144.91㎡ (43.84평)
구조 : 철골조＋목조
규모 : 지상 2층

ARCHITECT
고무라 겐이치/
KEN 1급 건축사사무소
Tel : 045-474-2000 (가나가와 현)

2장

실외와 실내를
잇고 싶다

실외와 실내를 자연스럽게 이으면, 빛이 잘 들고 공기 순환이 좋은 공간이 된다. 테라스나 뜰의 위치를 잘 지정하면, 사생활을 지키면서도 개방성 좋은 집으로 꾸밀 수 있다. 이 장에서는 빛과 바람이 잘 드는 공간 배치의 좋은 예를 알아본다.

실외와 실내를 잇고 싶다

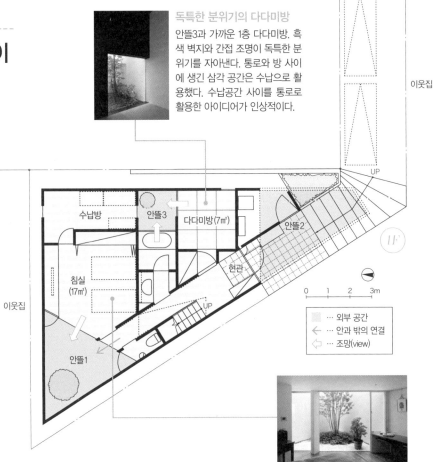

017

세 곳에 안뜰이
있는 집

독특한 분위기의 다다미방

안뜰3과 가까운 1층 다다미방. 흑색 벽지와 간접 조명이 독특한 분위기를 자아낸다. 통로와 방 사이에 생긴 삼각 공간은 수납으로 활용했다. 수납공간 사이를 통로로 활용한 아이디어가 인상적이다.

이웃집

수납방

안뜰3

다다미방(7㎡)

안뜰2

1F'

현관

침실
(17㎡)

이웃집

UP

UP

안뜰1

```
0   1   2   3m
```

■ … 외부 공간
← … 안과 밖의 연결
← … 조망(view)

안뜰까지 시선이 확장되어 넓어 보이는 침실

1층 침실은 유리창을 사이에 두고 안뜰까지 이어진다. 북쪽 방이라고 생각할 수 없을 정도로 밝다. 2층 높이의 외벽이 안뜰1을 두르고 있어 바깥 시선이 차단된다.

삼각형 모양의 대지는 긴 빗변을 이동 공간으로 쓰고, 돌출부에 각각 안뜰을 두어 눈이 쉴 수 있는 여유로운 공간을 만들었다. 진입로에서 이어지는 긴 동선과 안뜰의 존재가 막다른 골목 같은 구조에 생기를 불어넣고, 빛을 통하게 한다. 1층에 방을 배치했고, 2층은 원룸형 LDK로 조성했다. 효율적인 공간 배치로 안뜰과 넓은 거실을 확보했다.

개방성 좋은 실내를 유지하기 위한 효율적인 설비

천장에 마련한 목조 들보 겸 다락 수납은 열기를 배출하는 공조 덕트 역할도 한다. 단열성 좋은 복층 유리를 사용하고, 전체 조명의 90%에 LED 전구를 쓰고, 태양광 발전을 하는 등 에너지 절약 설비에도 신경을 썼다.

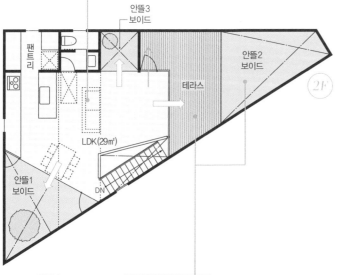

안뜰3
보이드

팬트리

안뜰2
보이드

테라스

2F

LDK(29㎡)

안뜰1
보이드

DN

안정감과 개방감이 동시에 느껴지는 안뜰

1 현관 앞 진입로에서 2층 테라스로 이어지는 커다란 외벽.
2 외벽이 현관 포치 상부까지 이어져 있음을 볼 수 있다. 주변 시선을 차단하면서 위로 트인 벽에서 안정감과 개방감이 동시에 느껴진다.

공간 배치 포인트
외벽, 구조, 공기의 흐름을 합리적으로 디자인하다

2층 천장 공간에 마련한 다락 수납이 들보 역할을 해서 기둥 없는 LDK 공간이 확보되었다. 온도 센서가 달린 환기구와 열기를 배출할 공조 덕트도 마련했다. 바깥 시선을 차단하고 입구에서 하늘이 보이도록, 현관 앞 외벽의·앞쪽 끝을 올렸다. 안뜰1과 안뜰2는 안과 밖의 완충지대다.

DATA
소재지 : 가나가와 현
대지 면적 : 144.63㎡ (43.75평)
연면적 : 104.05㎡ (31.48평)
구조 : 목조
규모 : 지상 2층

ARCHITECT
야마가타 요/
야마가타 요 건축설계사무소
Tel : 044-931-5737 (가나가와 현)

빛과 바람이
잘 드는 집

**빛이 잘 들고 개방성 좋은
코트하우스**

아들 내외의 침실은 3층에 배치했다. 벽으로 둘러싸인 코트하우스는 사생활 보호가 잘 되고 개방성도 좋다. 빛이 잘 들어서 실내가 무척 밝다.

**2세대가 함께 쓰는
넓고 밝은 현관**

현관은 2세대가 함께 쓴다. 대문을 커다랗게 내서 빛이 잘 든다. 계단 사이에 틈을 내서 빛이 위아래로 통한다. 밝은 소나무재 마루는 감촉이 무척 좋아서 기분도 덩달아 좋아진다.

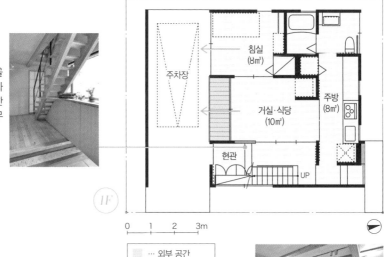

주차장

침실
(8㎡)

거실·식당
(10㎡)

주방
(8㎡)

현관

UP

1F

0　1　2　3m

　… 외부 공간
← … 안과 밖의 연결

**대화와 식사를 즐기는
현대적인 공간**

식사를 하면서 대화 나누는 것을 좋아하는 아들 내외. 식탁을 겸하는 긴 카운터는 식사를 준비하는 동선이 짧아 무척 편하다.

1층에는 부모님이 살고 2, 3층은 아들 내외가 쓴다. 2세대가 함께 사는 집으로 생활의 편리와 독립성을 위해 각 층에 주방과 화장실을 따로 두었고, 현관만 같이 쓰는 구조로 설계했다. 주택 밀집 지역이라 **코트하우스(court house, 중앙에 정원을 설치하고 그 주위에 건물을 배치한 주택)**로 만들어서 집 안쪽에 옥외 공간을 확보했다.

**외벽에 일석이조의
격자 파티션 설치**

바깥 시선을 차단하면서 빛은
잘 들도록 외벽 일부에 격자
의 파티션을 설치했다. 파티
션 안쪽으로 테라스를 마련해
휴식 공간으로 활용한다.

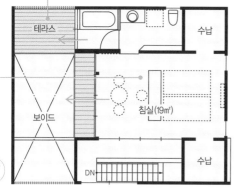

테라스

수납

보이드

침실(19㎡)

수납

DN

3F

보이드

LDK(26㎡)

수납

테라스

DN   UP

2F

**건물 전체를 관통하는
보이드 조성**

밖에서 보면 박스형 건물로
닫힌 공간처럼 느껴지지만,
건물을 관통하는 보이드를
둬서 개방성 좋고 빛이 잘
들게 꾸몄다.

공간 배치 포인트
빛이 잘 들고 하늘을
즐길 수 있는 실내

대지는 3층 주택으로 둘러싸인
주택 밀집 지역에 있다. 사생활을
지키면서 빛도 잘 들도록 밝은 벽
으로 두르고, 안으로 열린 공간을
만든 코트하우스로 설계했다. 각
층마다 전면창을 시원하게 내서
옥외와 연결했다. 뻥 뚫린 하늘을
즐길 수 있는 구조다.

DATA
소재지 : 가나가와 현
대지 면적 : 99.44㎡ (30.08평)
연면적 : 127.59㎡ (38.60평)
구조 : 목조
규모 : 지상 3층

ARCHITECT
네고로 히로노리/
네고로 히로노리 건축연구소
Tel : 044-742-9646 (가나가와 현)

중정을 포함해
열린 공간으로 꾸미다

**데크에서 빛이 드는
북쪽 욕실**

북쪽에 있는 욕실은 안뜰
과 가까워서 빛이 무척
잘 든다. 현관 옆길로 돌
아가면 안뜰이 나온다.

**2개의 계단과 정원을
잇는 짧은 동선**

이 집에는 2개의 계단이 있다. 현관
에서 실내로 들어와서 2층으로 갈
때는 거실 뒤편 계단을 이용한다.
놀이방에도 회전 계단을 설치했는
데, 중정을 지나 놀이방에서 아이
방으로 가는 가장 짧은 동선이다.

주차장

놀이방(약 18㎡)

LDK
(약 36㎡)

세면실

욕실

중정

현관 수납

다다미방
(약 13㎡)

포치　현관

1층에 거실이 있고 주방, 다다미방, 놀이방으로
이어진다. 중정을 중심으로 놀이방과 거실을
잇고 안과 밖이 만나는 열린 공간으로 만들었다. 각
방에 미닫이문을 달아서 문을 모두 열면 그대로 하
나의 공간이 된다.

**취향이 돋보이는
현관 앞 통로**

입구에서 현관에 이르기까지
집주인의 멋들어진 취향을
느낄 수 있다. 낮게 만든 차
양과 트래버틴 석재를 깐 현
관 모습이 독특하다.

아이 방 세 곳은
다락에서 모두 통한다

아이 방의 넓이는 모두 약 7㎡다. 각 방의 문은 따로 있지만, 다락에서 모든 방이 하나로 이어진다. 다락에도 미닫이문이 있어서 이 문을 닫으면 독립 공간이 된다.

공간 배치 포인트
개인 공간을 존중하면서
가족 공간도 중시

2층에는 아이 방과 안방을 배치해서 개인 공간으로 꾸몄다. 넓은 집은 자칫하면 공간이 너무 세분화돼서 각 방들이 고립될 수 있는데, 이를 막기 위해 각 방에 미닫이문을 달았다. 덕분에 활용성 좋은 공간으로 거듭났다.

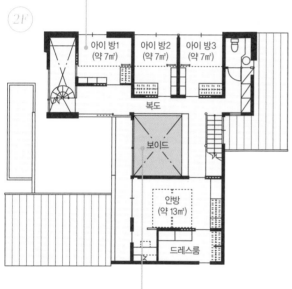

2F

아이 방1
(약 7㎡)

아이 방2
(약 7㎡)

아이 방3
(약 7㎡)

복도

보이드

안방
(약 13㎡)

드레스룸

문을 모두 열면 LDK와
놀이방과 중정이 하나로

미닫이문을 모두 열면 거실, 식당, 놀이방, 중정이 하나가 된다. 거실 이외의 공간은 천장의 높이를 낮춰서 구획하여 거실 보이드의 개방성을 높였다.

DATA

소재지 : 도쿄 도
대지 면적 : 280.80㎡ (84.94평)
연면적 : 165.33㎡ (50.01평)
구조 : 목조
규모 : 지상 2층

ARCHITECT

혼마 이타루/
블라이슈티프트
Tel : 03-3321-6723 (도쿄 도)

실외와 실내를 잇고 싶다

실면적보다 크고
넓게 느껴지는 집

**LDK가 있는 몸채를
반 계단 올리다**

현관과 거실의 단차를 두어 공간을 분리했다. 거실의 유리 미닫이문을 활짝 열면 안뜰과 실내가 시원하게 이어진다. 보이드가 있는 북쪽에 높은 창을 달았다.

**거실 보이드로
넓은 공간감 확보**

보이드는 방 면적에 알맞게 적당한 높이다. 실내를 산뜻하게 꾸미기 위해 아일랜드 식탁은 심플한 디자인을 선택했다.

방문객 주차장

방문객 주차장

안뜰2

예비실(8㎡)

안뜰3

UP

아틀리에
(10㎡)

LDK(27㎡)

안뜰4

현관

외부 수납

UP

UP

차고

안뜰1

1F

**안뜰과 실내를 연결해
탁 트인 거실**

거실과 가까운 예비실은 문을 열면 하나의 공간이 된다. 거실은 안뜰과 연결되어 한층 넓게 느껴진다.

현관에서 반 계단 올라가면 거실의 보이드와 안뜰의 경치가 한눈에 들어온다. 실외와 실내가 이어져 있어 실면적보다 넓게 느껴진다. 예비실 위층에 아이 방을 두어 보이드 공간을 확보하고, 아틀리에는 독립적으로 배치했다.

**출입구가 두 곳이라
사용이 편리한 화장실**

2층 화장실은 안방에서도 드
나들 수 있어 사용이 무척
편리하다. 새하얀 실내에 블
루 톤의 천창을 설치해 산뜻
한 느낌을 더했다.

공간 배치 포인트
한곳에 배치한 방들

방을 한곳에 배치하고 나머지 공
간을 2층까지 보이드시켜 실면적
보다 실내가 넓게 느껴진다. 안방
과 거실은 약간의 거리를 두고 창
너머로 서로 보이도록 설계했다.
화장실은 안방 근처에 배치해서
동선을 줄였다. 구조가 합리적이
라 사용이 편하다고 집 주인 가족
들은 말한다.

실외와 실내를 잇고 싶다

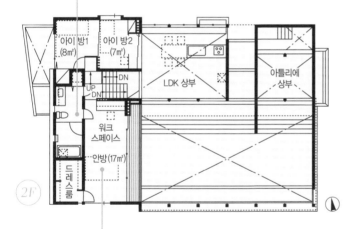

아이 방1
(8㎡)

아이 방2
(7㎡)

UP
DN

DN

LDK 상부

아틀리에
상부

워크
스페이스

안방(17㎡)

드레
스룸

2F

DATA

소재지 : 야마나시 현
대지 면적 : 370.32㎡ (112.02평)
연면적 : 161.79㎡ (48.94평)
구조 : 목조
규모 : 지상 2층

ARCHITECT

가시와기 마나부, 가시와기 호나미/
가시와기 스이 어소시에이션
Tel : 042-489-1363 (도쿄 도)

**안뜰을 바라보며
아침을 맞는 안방**

동쪽을 바라보는 안방. 아침
해를 맞으며 눈을 뜬다. 이웃
집 사이에는 담이 있어서 편
하게 경치를 감상할 수 있다.

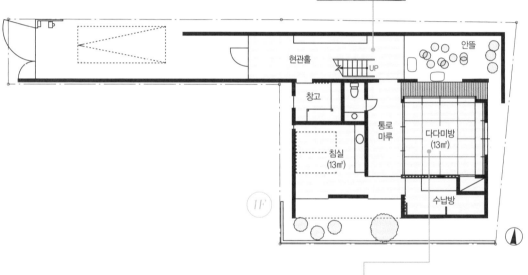

021

탁 트인 전망이
도시 생활을
쾌적하게 하다

**외부 공간을 끌어들여
개방성 좋게 꾸민 현관홀**

현관홀의 석재와 갈바륨 동
판으로 된 벽이 외부까지 이
어져서 공간의 안팎에 연속
성을 부여했다. 주변 풍경을
가리지 않게 계단은 챌판이
없는 디자인을 채용했다.

현관홀

UP

창고

안뜰

통로
마루

다다미방
(13㎡)

침실
(13㎡)

수납방

1F

깃대 부지의 깃대 부분을 주거 공간과 하나로
묶는 게 과제였다. 그 방안으로 대지 입구에
서 안쪽까지 이어지는 돌담을 설치해서 길이 25m
의 공간을 살렸다. 진입로와 주거 공간의 연속성을
살리기 위해 현관홀을 반 옥외 공간으로 꾸며서 시
선이 직선으로 길게 뻗는다. 벽 반대쪽에는 개인
공간으로 다다미방과 침실을 배치했다.

**문을 여닫는 것으로
경치가 달라지다**

다다미방에서 미닫이문을
모두 열면 안뜰과 통로가
방과 하나가 된다. 안뜰은
일본식과 서양식을 잘 섞어
서 조경해 현관홀에서 바라
봐도 무척 조화롭다.

48

다기능 수납장을 설치해서 주방과 식당 분리

주방의 일부를 가릴 수 있도록 박스형 칸막이 수납장을 설치했다. 이 안에는 냉장고와 세탁기를 비롯해 그 밖의 조리용 가전제품이 들어 있다.

칸막이벽을 최대한 줄여서 바깥으로 트인 공간을 만들다

2층은 커다란 원룸형 LDK로 되어 있다. 현관홀까지 연결되는 보이드를 두어서 시각적 개방성을 높였다. 남쪽에 있는 테라스는 실내와 실외를 잇는 구실을 한다. 테라스는 욕실과 가까워서 욕실 데크 역할도 겸하고 있다. 주방은 벽으로 차단하지 않고 수납 박스를 설치해서 일부만 가렸다.

실외와 실내를 잇고 싶다

보이드
DN
UP
UP
서재
LDK(약 35㎡)
테라스
욕실
2F

DATA

소재지 : 도쿄 도
대지 면적 : 166.78㎡ (50.45평)
연면적 : 132.73㎡ (40.15평)
구조 : 목조
규모 : 지상 2층

ARCHITECT

마에다 고이치/파오 건축설계사무소,
후쿠다하지메/후쿠다 하지메 디자인사무소
Tel : 045-513-2699 (가나가와 현)

칸막이벽을 최대한 줄여 공간을 넓게 활용하다

거실은 테라스와 이어져 있어서 넓게 느껴지고 칸막이벽을 최대한 줄여 채광도 좋다. 밖으로 보이는 신록이 전원 속의 주택처럼 아름답다.

노천탕에 온 듯한 욕실

휴일에는 거의 하루 종일 입욕을 한다고 말할 정도로 집주인은 목욕을 좋아한다. 주변이 잘 보이도록 욕조의 위치에 신경을 썼고, 욕조 바로 옆에 샤워 코너를 마련했다.

지붕 있는
발코니를 즐기다

유리 파티션으로 개방성을 높이다

1층에 통로와 가까운 화장실은 수평창을 높은 곳에 설치해서 프라이버시를 지켜 준다. 세면실, 탈의실, 욕실의 파티션으로 유리를 채택하여 개방성이 좋다.

방의 형태를 잘 고려한 창 배치

1층 안방은 두 방향으로 창을 내서 채광이 좋도록 꾸몄다. 벽면으로 붙박이장도 마련했다.

2층 발코니와 연결되는 테라스

발코니에는 지붕이 있어서 비가 내려도 끄떡없다. 바로 앞에 테라스가 있는데, 이곳은 지하 차고 위에 조성한 것이다. 윈드서핑을 즐기는 집주인이 서핑보드를 씻거나 아이들의 물놀이 공간으로 쓰는 등 테라스의 활용도는 무척 높다. 2층 발코니와 가깝게 연결해 옥외 공간을 충분히 확보했다.

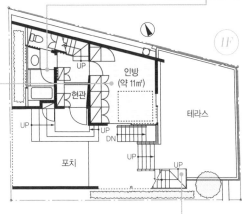

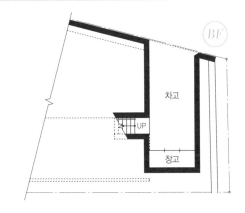

2층 거실의 유리 통창으로 언덕길 경치가 한눈에 들어온다. 거실과 발코니의 마루 단을 맞추고 천장과 지붕을 연결해 두 공간을 자연스럽게 이었다. 주방쪽에도 발코니 문을 내서 이용할 수 있도록 했다. 3층의 보이드는 2층 거실과 통한다.

보이드로 거실과 연결한 아이 방

넓은 보이드를 확보한 3층에서는 새로운 경치가 보인다. 아이 방의 코너 벽에는 붙박이 책상을 설치해 집주인의 서재 공간도 겸하고 있다.

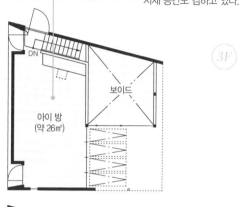

3F

DN

보이드

아이 방
(약 26㎡)

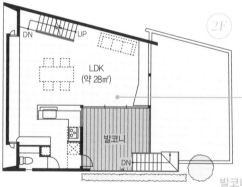

2F

DN UP

LDK
(약 28㎡)

발코니

DN

발코니와 연결되는 거실

거실 천장의 연장선에 발코니 지붕을 시공해 거실과 발코니의 연결성이 무척 자연스럽다. 지붕 일부에 빛 투과가 잘 되는 재료를 사용해 채광을 확보했다.

공간 배치 포인트
필요한 기능을 하나로 모으다

부부가 각자 차로 출퇴근을 하기 때문에 차 2대를 세울 수 있는 주차 공간이 필요했다. 북쪽 도로와 이어지는 반지하 차고에는 현관 통로와 이어지는 계단을 설치해서 편리하게 오갈 수 있다. 1층에는 안방, 화장실, 현관을 배치해 낭비 없는 공간으로 꾸몄다. 2층은 가족들의 공용 공간으로 만들고 외부로 열린 발코니를 두었다.

DATA

소재지 : 도쿄 도
대지 면적 : 105.56㎡ (31.93평)
연면적 : 131.17㎡ (39.68평)
구조 : 철골조 + 철근콘크리트조
규모 : 지하 1층 + 지상 3층

ARCHITECT

니시지마 마사키/
프라임
Tel : 03-3354-8204 (도쿄 도)

실외와 실내를 잇고 싶다

루바로 외부 시선을 차단하고 주택 분위기를 차분하게 만들었다. 덕분에 방범성도 좋아졌다. 주택 북쪽의 외관에도 루바를 사용했다.

주차도 가능한 현관홀

대지의 단차를 현관홀과 실내의 단을 나누는 것으로 슬기롭게 극복했다. 콘크리트 현관홀은 차고로 쓸 수도 있지만, 지금은 작업실로 쓰고 있다. 이 공간에는 작업용 수납장과 책상이 있다.

023

대지의 단차를 극복하고 안과 밖이 어우러지게 꾸미다

창고 · UP · 현관

침실(약 14㎡)

현관홀

수납장

방(약 9㎡)

UP · 창고

1F

다다미방(약16㎡)

북 서쪽에 식당을 배치하고, 전면창을 커다랗게 내서 좋은 조망을 확보했다. 여기에 넓은 테라스를 연결해서 공간이 한층 더 넓어 보인다. 스킵플로어가 천장의 높이를 크게 변화시켜 공간에 생동감을 불어넣었다. 2층 거실과 연결되는 내부 계단은 거리가 느껴지지 않게 동선에 신경을 썼다.

쉼의 공간인 다다미방

손님맞이용으로 쓰고 있는 다다미방. 바닥과 같은 높이에 완전히 밀폐가 가능한 창을 양쪽으로 설치했다. 여름에는 통풍이 잘 되어 무척 쾌적하고, 창을 닫으면 방의 분위기가 달라진다.

전망 좋은 테라스와 가까운 식당

전망 좋은 널찍한 테라스가 매력적이다. 사진 왼쪽이 주방이고, 테라스 쪽으로 화장실 출입구와 욕실이 있다.

테라스

DN

식당
(약 19㎡)

거실
(약 13㎡)

UP

DN

욕실

주방

세면실·탈의실

팬트리

2F

커다란 식탁이 있는 식당과 스킵플로어 거실

식당에 있는 사각 식탁은 넓고 활용성도 좋다. 식당보다 90cm 낮은 곳에 있는 거실은 단차를 이용해 차분한 분위기로 꾸몄다.

현관에서부터 1층과 2층을 분리

현관에서 2층 거실로 올라가는 계단은 폭을 넓게 만들었다. 현관에서 방으로 바로 갈 수 없도록 해서 이동 거리를 일부러 늘렸다. 첫눈에 불편한 구조라고 생각할 수도 있지만, 사실은 집을 넓게 느끼도록 하는 중요한 기술이다. 자동차가 늘어날 것을 생각해서 소형차 한 대 정도가 주차 가능하게 현관홀을 꾸몄다. 배기가스 배출용 환기구도 달았다.

실외와 실내를 잇고 싶다

DATA

소재지 : 가나가와 현
대지 면적 : 219.62㎡ (66.44평)
연면적 : 156.03㎡ (47.20평)
구조 : 목조축조재래공법
규모 : 지상 2층

ARCHITECT

무코야마 히로시/
무코야마 건축설계사무소
Tel : 03-5454-0892 (도쿄 도)

024

빛과 바람을 실내로 이끄는 두 곳의 반 옥외 공간

밖에서 안으로, 다시 밖으로
정면으로 보이는 것은 북쪽 테라스다. 오른쪽으로 가면 거실이 나온다. 현관문을 열고 실내에 들어왔나 싶으면 다시 옥외 공간이 나온다. 흥미로운 공간 구성을 취했다.

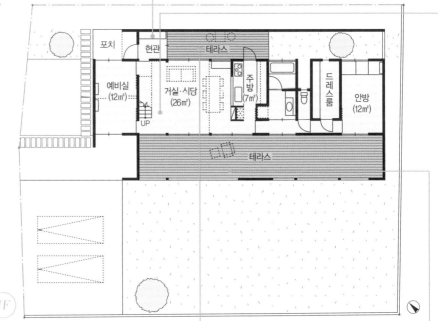

포치

현관

테라스

예비실
(12㎡)

거실·시당
(26㎡)

주방
(7㎡)

드레스룸

안방
(12㎡)

UP

테라스

1F

모든 방에서 보이는 안뜰의 풍경
사진은 북쪽 테라스의 모습이다. 1층의 거실, 주방, 욕실, 침실은 모두 안뜰과 접해 있다. 흰 벽은 외부의 시선을 막아주는 동시에 빛을 반사시켜서 실내를 밝혀 준다.

대지의 면적은 상당히 넓지만 남쪽에 아파트가 있어서 외부 시선 차단에 신경을 썼다. 그래서 집은 북쪽에 두고 남쪽은 정원으로 꾸몄다. 동쪽과 서쪽에 방이 있는 단층집을 기본으로 하고 일부 공간만 2층으로 만들었다. 개방성을 높이기 위해 주거 공간의 양측에 테라스를 배치했다. 집 안과 밖의 경계가 모호한 구조다.

(2F)

서재(8㎡)

다다미방
(7㎡)

DN

보이드

**천장과 지붕 사이를
개방 공간으로 조성한 다락**

서재로 사용하는 다락은 차분한
분위기다. 지붕을 타고 남쪽에
서 바람이 불어와서 한여름에도
무척 시원하다.

개방성 좋은 천연 인테리어

복잡한 장식은 배제하고 흰 벽
과 나무를 사용해 실내를 꾸몄
다. 북쪽으로 갈수록 높아지는
천장 지붕이 보이드를 만들어
개방성이 좋다.

**바깥 공간과 안쪽 공간을
반 옥외 테라스로 연결하다**

테라스를 끼고 밖과 안이 연결된다. 테라스
에 설치한 외벽은 거실과 주방 쪽은 개방하
고, 도로 쪽과 방이 있는 단층 부분의 벽은
막았다. 단층 쪽에는 복도를 두어 외부와
차단하고 안정된 공간으로 만들었다.

공간 배치 포인트
지붕의 경사를 이용해서
2층으로 바람을 보내다

대지에 여유가 있어서 동선이 효
율적인 단층집으로 설계했다. 거
실에 보이드를 두고 자연을 느낄
수 있게 테라스를 만들었다. 거실
전면에서 북쪽으로 갈수록 천장
의 높이가 높아진다. 남쪽에서 불
어오는 바람은 지붕 경사를 타고
2층으로 들어가 실내 통풍이 무
척 잘 된다.

실외와 실내를 잇고 싶다

DATA

소재지 : 사이타마 현
대지 면적 : 454.66㎡ (137.53평)
연면적 : 110.06㎡ (33.29평)
구조 : 목조
규모 : 지상 2층

ARCHITECT

나오이 가즈토시, 나오이 노리코/
나오이 건축설계사무소
Tel : 03-6806-2421 (도쿄 도)

55

025

실내를 가득 채우는
빛이 사계절 소식을
전하는 집

허공에 떠 있는 듯한 박스형 현관

이 집은 기초의 높이가 1m다. 따라서 계단을 올라야 현관이 나온다. 현관은 작은 상자를 세로로 세워 놓은 듯한 독특한 외관이다. 현관을 들어가면 왼쪽에 거실이 펼쳐진다.

높이도, 면적도 충분한 LDK

1 원룸형 LDK의 각 코너는 식사 공간, TV시청 공간, 장작 스토브를 즐기는 공간 등으로 나뉜다.
2 바둑판무늬 장식장이 있는 아일랜드 싱크대는 주문 제작했다.

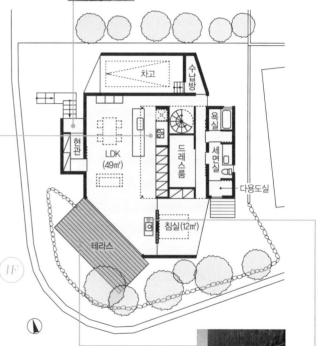

주방, 드레스룸, 나선 계단을 중심에 두고 사방으로 도는 재미있는 공간 배치다. 침실과 세면실, 드레스룸을 배치해서 외출 동선을 단축했다. 세면실, 다용도실, 테라스, 드레스룸을 가깝게 배치해 세탁 동선도 배려했다. 주방 옆에 있는 붙박이 수납장에는 가전제품과 잡다한 물건을 수납했다.

정형적이지 않는 방의 형태가 공간감을 더하다

데크에 나와서 보면, 정형적이지 않은 방의 형태 덕분에 공간이 더 넓어 보인다.

차고

수납방

욕실

현관

LDK
(49㎡)

드레스룸

세면실

다용도실

테라스

침실(12㎡)

1F

손님을 위한 예비실

집에 머무르는 손님을 위해 예비실을 마련했다. 접이문을 설치해 2개의 방으로 나눠 쓸 수 있다. 천장의 경사 때문에 한쪽 방은 천장이 높고, 다른 한쪽 방은 공간이 아담하다.

넓고 좁은 공간의 대비로 느껴지는 개방감과 안정감

서재에는 긴 카운터 데스크를 놓았다. 의자만 놓으면 여러 사람이 쓸 수 있다. 카운터 데스크 뒤로 책을 손쉽게 찾아볼 수 있도록 책장을 여러 개 놓았다. 브리지를 지나면 손님용 예비실이 나오는데 접이문을 이용해 방을 2개로 나눌 수 있다. 손님은 2층 화장실과 카운터 데스크 한쪽에 마련한 세면대를 사용한다.

실외와 실내를 잇고 싶다

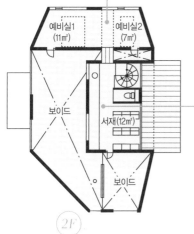

예비실1
(11㎡)

예비실2
(7㎡)

보이드

서재(12㎡)

보이드

2F

다량의 책을 수납할 수 있는 서재

부부가 작업실로 쓰는 서재. 붙박이 책장을 놓아서 장서를 보관하기에 모자람이 없다.

DATA

소재지 : 군마 현
대지 면적 : 270.83㎡ (81.93평)
연면적 : 161.20㎡ (48.76평)
구조 : 철골조
규모 : 지상 2층

ARCHITECT

고마다 다케시, 고마다 유카/
고마다 건축설계사무소
Tel : 03-5679-1045 (도쿄 도)

보이드에 설치한 장작 스토브

덴마크제 장작 스토브를 설치한 거실의 코너. 안쪽으로는 침실이 이어진다. 여러 군데 난 창으로 비치는 신록이 아름답다.

026

하늘과 구름과
달빛을 느끼는 집

**보이드를 이용해서
온열 환경 조성**

1층 홀을 내려다본 풍경. 이곳을 보이
드로 만든 이유는 공기의 자연대류를
이용해서 1년 내내 쾌적한 온열 환경
을 만들기 위해서다. 여름에는 아이
방 쪽에서 불어 들어오는 바람이 보
이드에서 상승해 2층 천장에 머물러
있는 더운 공기를 밖으로 빼낸다.

안뜰과 하나가 된 실내

테라스에서 실내를 바라본 풍경.
안뜰 쪽으로 크게 트인 거실은
마치 유리 상자 속에 떠 있는 느
낌이다.

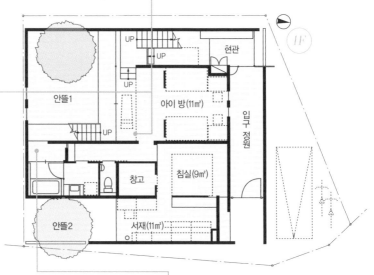

2층은 거실과 식당을 중심에 배치했다. 이곳은 안
뜰1의 보이드와 가깝다. 산딸나무를 비롯해 사계
절마다 옷을 갈아입는 초목이 보이는 안뜰에서는 아침
저녁으로 풍경의 변화가 느껴진다. 북쪽에는 붙박이 수
납장을 마련했고, 북쪽과 서쪽 두 곳에 있는 상부의 틈
으로는 빛이 들어온다. 실내의 쾌적함을 유지하기 위해
서 주방과 거실은 완전히 분리했다.

노천탕 느낌의 쾌적한 욕실

욕실 문을 열면 안뜰의 산딸나
무가 보인다. 높은 벽으로 외부
와 차단시켰지만 노천탕의 분
위기도 살렸다.

**남쪽에 안뜰을 배치해 거실의
개방성과 공간감을 높이다**

거실 남쪽에 안뜰을 배치했다. 거실에서
안뜰 쪽으로 공간이 트여서 무척 넓은
느낌이 든다. 벽의 높이는 주변 건물의
높이에 맞춰서 이웃집의 지붕만 보일 정
도로 조절했다. 바깥 시선을 차단하면서
도 개방성이 좋은 거실로 꾸몄다.

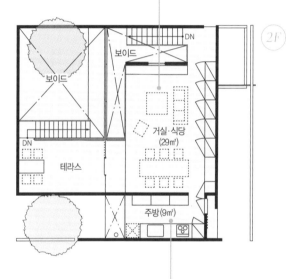

(2F)

보이드

보이드

DN

보이드

DN

테라스

거실·식당
(29㎡)

주방(9㎡)

**거실의 분위기를 위해
주방은 벽 뒤쪽에 마련**

거실의 안락한 분위기를 살
리기 위해 주방을 거실과 완
전히 분리했다. 벽으로 공간
을 나눴지만 위쪽은 개방해
거실 쪽의 소리가 들린다.

세 곳의 뜰이 원근감을 더하다

이 집에는 세 곳에 뜰이 있다. 하나는 입
구 역할을 하는 정원으로 북쪽에 위치한
집과의 거리를 확보하는 공간이다. 1층
은 방과 화장실 등으로 이루어진 개인 공
간이므로 담과 벽의 이중 구조로 설계해
방범 기능을 높였다. 다른 하나는 실내에
빛을 전달하는 안뜰1로 아이 방과 화장실
사이에 있다. 안뜰2는 서재 왼편에 위치
하고 있다.

실외와 실내를 잇고 싶다

DATA

소재지 : 지바 현
대지 면적 : 162.38㎡ (49.12평)
연면적 : 110.40㎡ (33.40평)
구조 : 철근콘크리트조+철골철근콘크리트조
규모 : 지상 2층

ARCHITECT

오카베 교이치
(지바 현)

027

가족 공간으로 쓰는 넓게 트인 테라스

거실과 연결되는 테라스
넓은 테라스 안쪽으로 거실
이 있다. 도로가 건물 뒤편에
있어서 정원에 있어도 주변
시선에서 자유롭다.

모던한 느낌의 회벽 마감
현관을 들어서면 정면에 잘 정돈
된 주방과 식당이 펼쳐진다. 천연
티크를 사용한 마루와 하얀 회벽
이 공간을 효율적으로 구분하고
있다.

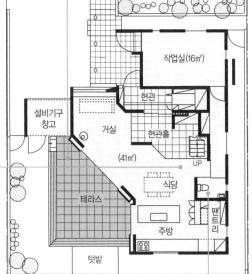

작업실(16㎡)

현관

설비기구
창고

거실

현관홀

(41㎡)

UP

식당

테라스

팬
트
리

주방

텃밭

1F

용 적률 40%로 한정된 대지에서 작업실과 넓은
테라스 공간을 확보하고, 쾌적한 거실 공간까
지 마련했다. 가족 공간은 벽이 남쪽을 보는 삼각형
구조다. 실내에서 보면 시선이 빗변 방향을 따라가
주변이 넓게 느껴진다. 휴식 공간을 따로 마련해 개
방성과 안락감을 동시에 잡았다.

화장실 공간을 화사하게
아이들이 친근하게 느끼도록
화사한 색으로 화장실을 꾸
몄다. 협소한 공간이지만 밝
은 색을 써서 밝고 개성적인
공간이 됐다.

이국적 분위기의 배스 코트
집주인의 요구로 욕실과 침실에서 직접 드나들 수 있는 배스 코트를 만들었다. 벽을 장식한 부조나 석상의 위치도 집주인이 선택한 것이다. 덕분에 이국적인 분위기가 물씬 풍긴다.

생활의 변화에 대응하는 다용도 공간으로 설계

2층 통로에 있는 아이 방은 향후에 다른 공간으로 쓸 수 있게 설계했다. 미닫이문을 달면 독립된 공간이 되지만, 지금처럼 둔다면 갤러리나 보조 거실로도 쓸 수 있다. 배스 코트는 침실의 안뜰이고 복도는 도서실이기도 하다. 생활의 변화에 대응해 다용도 공간으로 설계 변경이 가능하다.

2F

빛이 잘 들어 항상 밝은 보이드
2층 아이 방 옆에 있는 보이드로 장작 스토브와 소파가 있는 1층이 내려다보인다. 창으로 빛이 잘 들어 집 전체가 항상 밝은 분위기다.

실외와 실내를 잇고 싶다

DATA
소재지 : 가나가와 현
대지 면적 : 226.60㎡ (68.55평)
연면적 : 158.61㎡ (47.98평)
구조 : 목조
규모 : 지상 2층

ARCHITECT
하세가와 준지, 요시자와 아키라/
하세가와 준지 건축디자인오피스
Tel : 03-3523-6063 (도쿄 도)

028

안과 밖을 연결하는
거실 통로

작고 효율적인 욕실

욕실 벽과 천장은 화백나무로 꾸몄다. 덕분에 은은한 나무 향이 나는 기분 좋은 공간이 되었다. 작은 창을 내어 안뜰 풍경을 욕실에도 들였다.

북쪽 현관과 남쪽 입구를 연결하는 거실 통로

가족들이 시간을 보내는 서쪽 공간과 주로 부모님이 쓰시는 동쪽 공간 사이에 넓은 통로를 조성해서 두 공간을 자연스럽게 분리했다. 데크 쪽의 통로는 공간을 확보해 응접실로 사용하고, 세탁물을 말리는 공간으로도 쓴다.

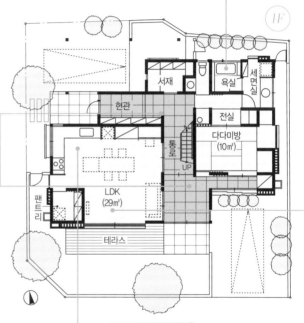

이 집의 중심은 29㎡에 달하는 LDK다. 남향으로 크게 트인 거실은 테라스와 이어진다. 반대쪽에는 주방과 식당이 있다. 동적 활동을 많이 하는 거실에 비해 정적인 활동을 하는 다실(茶室)은 동쪽에 배치했다. 서로 성격이 다른 두 공간을 현관에서 이어지는 거실 통로로 구분했다.

사용하기 편한 L자형 주방

심플한 L자형 주방이다. '주방 출입문→팬트리→주방'으로 이어지는 동선은 음식물 쓰레기를 버리러 갈 때나 슈퍼에 갈 때 무척 편하다.

**예비실은 부모님 방이나
손님방으로**

거실, 침실, 미니 주방을 갖
춘 예비실은 원래 집주인의
부모님을 위해서 만든 것이
다. 부모님이 안 계실 때는
손님방으로 쓴다.

공간 배치 포인트
2세대가 함께
살 집을 목표로

2층은 가족들의 개인 공간이다.
안방과 아이 방은 보이드를 통하며 거실과 통하며, 미닫이문을 열면
보이드 너머로 바깥 경치가 보인
다. 개인 공간과 예비실은 중앙
계단을 경계로 동서로 분리되어
있다. 2세대가 함께 사는 쾌적한
공간으로 만들기 위해 힘썼다.

2F

드레스룸

안방
(약 10㎡)

아이 방
(약 10㎡)

DN

UP

예비실2
(약 7㎡)

예비실1
(약 16㎡)

발코니

보이드

발코니

**보이드와 상부 창이
개방성을 높이다**

1층 거실은 2층까지 보이드 공
간으로 설계하고 상부 벽면에
창을 두어 자연광을 들였다.
거실에 앉으면 전면창을 통해
시선이 멀리까지 닿는다.

DATA

소재지 : 도쿄 도
대지 면적 : 227.20㎡ (68.73평)
연면적 : 161.94㎡ (48.99평)
구조 : 목조
규모 : 지상 2층

ARCHITECT

이레이 사토시/
이레이 사토시 설계실
Tel : 03-3565-7344 (도쿄 도)

실외와 실내를 잇고 싶다

**사용 빈도를 생각해서
주방은 작게 조성**

평일에는 집 밥을 거의 먹지 않기 때문에 주방은 작게 설계했다. 덕분에 거실이 넓어졌다.

**흰 상자에 덧붙은
검고 작은 현관 박스**

전면에 난 도로보다 한 단 높은 곳에 현관이 있다. 계단 아래로는 수납공간을 만들어서 주차장에서 사용할 소도구들을 수납했다. 검은 상자는 현관 박스다. 박스가 차양의 기능을 하고 있다.

029

루프 테라스로
자연광이
잘 드는 집

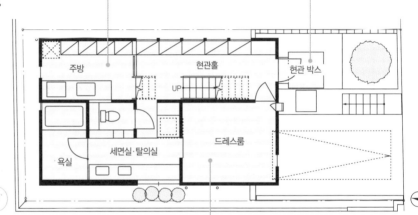

거실은 마치 몇 개의 상자를 합쳐 놓은 것 같은 구조로 되어 있다. 북동쪽에 서재를, 남쪽에는 침실을 배치했다. 거실보다 반 층 높아지는 유리 상자 부분에 루프 테라스가 있다. 공간마다 바닥의 높이가 다른 스킵플로어 구조로 설계되었다. 거실에서 바라보는 시선은 루프 테라스를 지나 밖으로 빠진다. 자연광이 잘 드는 밝고 개방성 좋은 공간이다.

**드레스룸은 콘크리트 벽으로
시공해 욕실의 습기 차단**

세면실 옆으로 드레스룸을 두어 외출 준비 동선을 줄였다. 드레스룸과 욕실이 가까우면 습기 문제가 생길 수 있는데, 콘크리트 벽을 감싸 습기를 차단했다. 사진 왼쪽 상단에 있는 것은 침실로 연결되는 쪽창이다.

빛이 잘 드는 루프 테라스

거실로 빛을 들이는 루프 테라스. 수동 개폐가 가능한 차양이 있다. 빛이 강한 여름에는 차양을 내려 직사광선에 거실 콘크리트가 뜨거워지는 걸 막는다.

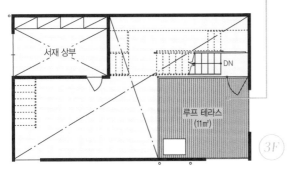

서재 상부

DN

루프 테라스
(11㎡)

3F

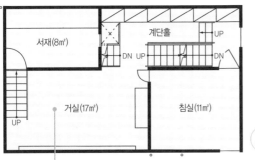

서재(8㎡)

계단홀

UP

DN UP   UP   DN

거실(17㎡)

침실(11㎡)

UP

2F

여름에는 시원하고 겨울에는 따뜻한 콘크리트 마루

겨울에는 테라스로 들어오는 태양열을 콘크리트 마루가 축적했다가 야간에 방출해서 보조 난방만 해도 따뜻하다. 여름에도 냉방을 하면 마루가 금세 시원해져서 효율이 무척 좋다.

공간 배치 포인트

욕실→세면실→드레스룸→현관 순으로 이어지는 깔끔한 동선

1층은 동선을 중시해 공간 배치를 했다. 아침에 일어나면 보통 욕실에서 샤워를 한 다음, 드레스룸에서 옷을 꺼내 입는다. 옷을 다 갈아입으면 현관을 통해 밖으로 나간다. 옆방으로 건너가기만 하면 일이 차례차례 이뤄지는 군더더기 없는 동선이다. 집에 돌아와서는 그 반대 동선을 따르면 된다.

DATA

소재지 : 가나가와 현
대지 면적 : 94.34㎡ (28.54평)
연면적 : 114.10㎡ (34.52평)
구조 : 목조+철근콘크리트조+철판구조
규모 : 지하 1층 + 지상 2층

ARCHITECT

모리 기요토시, 가와무라 나쓰코/
MDS 1급 건축사사무소
Tel : 03-5468-0825 (도쿄 도)

030

전망은 양보해도 자연광은 필수

돌고 도는 구조로

2층은 가운데 있는 상자를 둘러싸듯 방을 배치했다. 칸막이 벽이 없는 원룸 형태라서 공간이 무척 넓어 보인다. 거실은 도로와 접하고 있기 때문에 전면창에 안개 시트를 붙였다.

3층의 빛을 아래층으로 연결하는 심플프레임의 흰색 계단

챌판과 난간이 없는 심플한 프레임 계단을 설치했다. 덕분에 빛이 차단되지 않아서 아래층까지 빛이 막힘없이 통과한다.

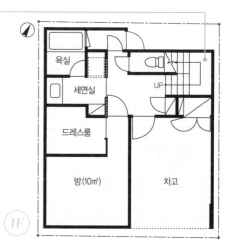

피아노실 (10㎡)

DN

UP

주방

거실(13㎡)

식당 (6㎡)

2F

욕실

세면실

UP

드레스룸

방(10㎡)

차고

1F

2층은 가족 생활의 중심이 되는 층으로 LDK와 피아노실이 있다. 평소에는 슬라이딩 도어를 열고 넓게 생활한다. 채광을 위한 전면창을 비롯해 거실 한쪽에 환기창도 따로 설치했다. 이곳에서 들어오는 바람은 계단실을 통해서 3층으로 올라간다. 3층에 이른 바람은 밖으로 배출되므로 실내에는 항상 신선한 공기가 감돈다.

주변 시선을 가려주는 상쾌한 테라스

옥상 테라스는 빛이 잘 드는 쾌적한 공간이다. 휴일 아침에 식사를 하거나, 손님을 초대해 파티를 하는 등 다양한 용도로 쓴다.

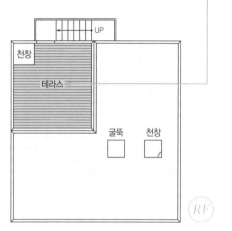

천창
테라스
굴뚝 천창

RF

공간 배치 포인트
생활의 안식처인 방 중심의 설계

1층에는 빌트인시킨 차고와 욕실, 세면실, 방 등을 두었다. 거실과 식당에 비하면 채광이 비교적 덜 필요한 방들을 배치한 것이다. 집주인은 기본적으로 밝고 탁 트인 방을 원했지만, 집안의 한 공간은 적당히 어둡고 안락하기를 바랐다. 1층의 방은 도로와 접해 있어서 아래쪽에 안개 시트를 붙였기 때문에 상부 창으로만 채광을 한다.

실외와 실내를 잇고 싶다

DATA

소재지 : 도쿄 도
대지 면적 : 66.37㎡ (20.08평)
연면적 : 138.30㎡ (41.84평)
구조 : 철골조
규모 : 지상 3층

ARCHITECT

이시하라 다케야, 나카노 마사야/
데네페스 계획연구소
Tel : 03-5297-5741 (도쿄 도)

실외를 들여놓은 듯한 3층

침실 왼쪽은 식당이 내려다보이는 보이드고, 정면으로 2층 피아노실 일부와 옥상 테라스가 보인다. 실내로 외부 공간을 들여온 듯한 느낌이다. 발코니와 천창이 있어서 채광도 좋다.

UP
DN
침실(11㎡)
손님방(9㎡)
발코니

3F

개방감과 프라이버시를
확보한 쾌적한 중정

밖에 있지만 외부 시선을 차단
한 중정. 상부에 루바를 설치
해 거실의 연속성을 부여했다.

031

안팎이 한 공간에
공존하는 코트하우스

- IF
- 안뜰
- 세면실 탈의실
- 옹벽
- 안방
- 드레스룸
- 세탁물 건조 공간
- 중정
- DN
- DN
- UP
- 현관
- 거실·식당
- 주방
- DN
- DN

개 방성 좋은 공간으로 만들기 위해 거실과 중정을 우선해서 공간을 배치했다. 북쪽과 서쪽 벽이 사면인 이유는 조금이라도 건물을 크게 짓기 위해서다. 개인 방은 크기를 최소한으로 줄이고, 불필요한 통로도 최대한 없앴다. 개인 방은 미닫이문을 설치해 항상 열려 있고 천장 높이에 변화를 줘서 공간이 좁게 느껴지지 않도록 신경을 썼다.

'안'과 '밖'이
불분명한 공간

입구로 들어가면 다시
밖이 나온다. 실내로
들어왔는데 다시 열린
공간이 펼쳐지는 독특
한 구조에 손님들이
놀라곤 한다.

**제한된 공간을
최대한으로 활용**

예비실에서는 저 멀리
산이 보인다. 봄에는 벚
꽃 구경도 할 수 있다.

공간과 공간의
적당한 거리감을 확보

2층에는 아이들 방과 손님용 예
비실, 그리고 서재가 있다. 거실
과 아이 방은 서로 보이는 위치에
있지만 반 층의 단차가 있어서 개
방감이 적당하다. 적당히 붙어 있
고 적당히 자유로운 공간이다.

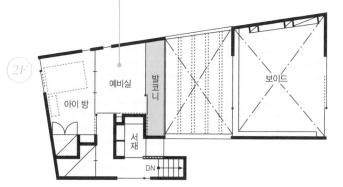

2F

아이 방
예비실
발코니
서재
DN
보이드

실외와 실내를 잇고 싶다

DATA

소재지 : 가나가와 현
대지 면적 : 175.29㎡ (53.03평)
연면적 : 119.03㎡ (36.01평)
구조 : 목조
규모 : 지상 2층

ARCHITECT

가시와기 마나부, 가시와기 호나미/
가시와기 · 스이 · 어소시에이츠
Tel : 042-489-1363 (도쿄 도)

두 방향에서 조망되는 안뜰

1 안뜰과 접해 있는 욕실. 욕실 유리
창이 두 공간을 가른다. 안뜰이 있어
서 욕실 공간이 더 넓게 느껴진다.
2 안방은 거실보다 반 층 아래에 있
다. 안방 안쪽으로 작게 꾸민 안뜰이
보인다.

032

거실과 데크를
연결해 아이들
놀이 공간으로

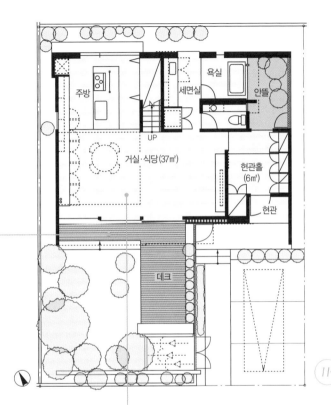

주방

세면실

욕실

안뜰

UP

거실·식당(37㎡)

현관홀
(6㎡)

현관

데크

1F

**거실과 데크를 이어서
하나의 공간으로**

빛과 바람이 잘 드는 거실의 전면 출
입구는 집주인이 처음부터 생각한
것이다. 창을 열어 놓으면 안과 밖의
구분이 희미해져서 아이들이 뛰어노
는 놀이 공간으로 탈바꿈한다.

대지 남쪽에 안뜰을 조성해서 거실의 채광과 통
풍을 확보했다. 마찬가지로 주방 북쪽에도 창
을 크게 냈다. 특히 거실과 데크를 넓게 연결해 아이
들이 맘껏 뛰놀 수 있게 했다. 거실 중앙에 계단실을
배치하고 거실이 모든 공간과 연결되도록 해서 가족
들이 거실로 모이기 쉽게 만들었다. 또 식당 상부는
보이드로 설계해 1층과 2층의 일체감을 더했다.

**동선과 수납을 고려한
개방형 주방**

아일랜드 싱크대 옆으로 식
탁을 가까이 두어 동선을 줄
였다. 개방성이 좋은 만큼
수납공간을 넉넉하게 마련
해 정리가 쉽도록 했다.

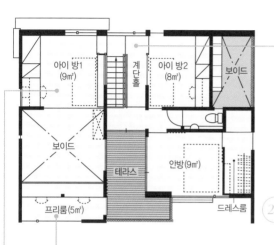

아이 방1
(9㎡)

계단홀

아이 방2
(8㎡)

보이드

보이드

테라스

안방(9㎡)

프리룸(5㎡)

드레스룸

2F

하나로 묶인 공간의 완충지대인 계단홀

두 곳의 아이 방 사이에 위치하는 계단홀은 방과 방 사이의 완충지대다. 이곳은 바로 테라스와 연결되며, 거기서 더 나가면 프리룸으로 이어진다.

독립적이면서도 연결성 좋은 프리룸

서재를 겸한 프리룸은 테라스와 연결되어 별채 느낌의 공간이다. 보이드를 통해서 1층과 연결시켜서 고립감이 들지 않도록 설계했다.

보이드와 유리로 공간을 적절히 나누다

아이 방은 보이드와 접한 곳에 실내창을 내서 1층과의 연결을 꾀했다. 아이들의 기척을 항상 느낄 수 있어 안심이 되는 구조다. 두 곳의 아이 방에는 각각 유리로 된 미닫이문을 설치해서 개방성을 높였다.

DATA
소재지 : 지바 현
대지 면적 : 172.41㎡ (52.15평)
연면적 : 110.60㎡ (33.46평)
구조 : 목조
규모 : 지상 2층

ARCHITECT
다카노 야쓰미쓰/
유쿠칸 설계실
Tel : 03-3301-7205 (도쿄 도)

실외와 실내를 잇고 싶다

3장

자연 가까이
살고 싶다

한정된 공간에서 자연과 함께하는 생활을 위한 공간 배치 아이디어를 소개한다. 안뜰, 옥외 정원, 잔디 테라스 등을 효율적으로 배치해, 바람을 타고 들어오는 신록의 내음을 맡아 보자. 심볼 트리로 심는 나무를 비롯해 조경수의 종류도 무척 다양하다.

자연 가까이 살고 싶다

033

실내로 들어온 듯한 안뜰, 데크로 이어지는 실내

실내에서 안뜰의 나무를 바라보다

거실에서 거실 데크를 바라보았다. 널벽으로 인해 부분적으로 가려진 조망이 매력적이다. 널벽 내부에는 구조재를 숨겨 강도를 높였다.

기분 좋은 안뜰은 지붕 없는 거실

넓은 데크가 안뜰까지 입체감 있게 이어진다. 데크는 야외 생활을 즐길 수 있는 바깥 거실이 되었다. 식기 세척 공간을 따로 마련해 바비큐 파티에도 제격이다.

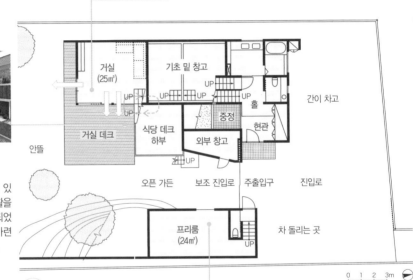

거실 (25㎡)

기초 밑 창고

거실 데크

식당 데크 하부

안뜰

중정

홀

현관

외부 창고

간이 차고

UP

오픈 가든 　보조 진입로 　주출입구 　진입로

프리룸 (24㎡)

차 돌리는 곳

0 1 2 3m

　□ … 외부 공간
　← … 안과 밖의 연결
　⇦ … 조망(view)

안뜰과 실내를 가까이 두고, 동남쪽에 있는 이웃집의 느티나무를 차경(借景)으로 삼았다. 별채와 안채를 다리로 연결해 역ㄷ자 형태로 안뜰을 감싸서 주변으로부터 안정된 풍경을 만들었다. 아이 셋이 마음껏 뛰어놀 수 있도록 데크를 설치했다. 아이 방은 가족 공간과 이어지게 설계하고, 안방은 별채에 둬서 독립적 생활이 가능하도록 했다.

콘크리트의 매력을 살린 프리룸

별채의 반지하에 있는 방은 집주인의 공간이다. 벽면의 시스템 가구는 집주인이 구입해서 직접 설치했다. 노출 콘크리트로 된 벽과 천장이 집의 다른 공간에서는 볼 수 없는 남성적인 느낌을 준다.

생동감 있게 설계한 LDK

거실과 식당은 스킵플로어 구조. 창을 통해서 안뜰과 시각적으로 연결된다. 넓은 공간에 대형 창을 설치한 만큼, 겨울에는 마루 난방을 할 수 있게 설비했다.

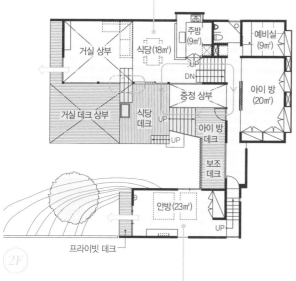

거실 상부

식당(18㎡)

주방(9㎡)

예비실(9㎡)

거실 데크 상부

식당 데크

중정 상부

아이 방(20㎡)

아이 방 데크

보조 데크

안방(23㎡)

프라이빗 데크

2F

프라이빗한 별채 안방

별채 2층에 있는 안방에서도 안뜰이 내려다보인다. 벽 일부에 식물무늬의 영국풍 벽지로 마감하고 창도 작게 달아서 내부를 세련되게 꾸몄다. 외부와 잘 차단되는 휴식 공간이다.

안팎의 경치를 변화시키는 스킵플로어

안뜰 쪽으로 완만하게 내려가는 스킵플로어 덕분에 움직일 때마다 시선에 변화가 생겨서 천장의 높이도 다르게 보인다. 거실 천장의 높이나 남북향의 거리감, 안뜰의 개방성이 어우러져서 실제보다 더 넓게 느껴지는 공간이 탄생했다. 또 실내의 단차에 맞춰 안뜰의 데크도 동일하게 설계했다.

자연 가까이 살고 싶다

DATA

소재지 : 도쿄 도
대지 면적 : 711.00㎡ (215.08평)
연면적 : 239.80㎡ (72.54평)
구조 : 철근콘크리트조 + 철골조
규모 : 지상 2층

ARCHITECT

다나베 게이치, 나카무라 데쓰오/
다나베 계획사무소
Tel : 03-5768-2878 (도쿄 도)

휴식 포인트는 안뜰의 조망

앞에 늘 자연이 보이는 거실과 식
당에는 TV가 없다. 마렌코의 소파
가 특등석이다. 안뜰을 포함해 수
평 방향으로 시야가 넓다.

툇마루가 있어서 가깝게 느껴지는 안뜰

계단참에서 안뜰을 보았다. 아래로는 해질 무렵
의 촉촉한 모습이고, 위는 해가 들어와서 산뜻한
분위기다. 기후와 시간대에 따라 풍경이 끝없이
변한다. 안뜰의 기쁨은 종일 지루하지 않다.

🏠 *034*

2개의 정원으로 가까이에서 자연을 느끼다

서쪽 뜰

주방 (11㎡)

거실·식당(25㎡)

데크

현관

안뜰

차고

진입로

드레스룸

침실 (13㎡)

0 1 2 3m

▣ … 외부 공간
← … 안과 밖의 연결
⇦ … 조망(view)

**중정을 향한 대형 창으로
풍경이 담아지다**

거실부터 중정을 거쳐 별채
같은 분위기의 침실을 바라
본 사진이다. 덜 익은 산딸나
무를 주목(主木)으로 삼아, 발
아래에는 철쭉과 새를 부르
는 블루베리가 심어져 있다.

집 의 안뜰에는 따뜻한 햇빛이 비추는 툇마루
가 둘러져 있고, 천장 높이의 대형 창이 정
원과 거실을 연결한다. 정적인 안뜰에 비해 2층
의 옥상정원은 유쾌한 콘셉트다. 발코니를 통해
서 드나드는 비일상적 공간이다.

원룸을 둘어서 자유롭게 쓰다

남자아이 둘을 위해 아이 방은 24㎡로 된 원룸으로 마련했다. 자주 가구의 위치를 바꿔 주의를 환기시킨다. 침대와 책상 등의 가구는 사이좋게 나눠 쓴다. 안뜰로 이어지는 개방감도 충분하다.

수평과 수직의 공간감을 강조한 설계

옥상정원과 안뜰은 입체적으로 연결되어 하나의 큰 정원을 이룬다. 침실은 1층에 마련했고, 아이 방은 채광이 좋아 밝은 2층에 두었다. 수평면의 넓이가 넓은 1층에 비해, 2층은 계단실의 보이드나 북쪽에 있는 용마루의 경사 천장 때문에 수직 공간이 두드러져 보인다.

배스 코트

아이 방
(24㎡)

보이드

발코니

서재(15㎡)

옥상정원

화단

수반

2F

자연 가까이 살고 싶다

DATA
소재지 : 도쿄 도
대지 면적 : 189.23㎡ (57.24평)
연면적 : 133.31㎡ (40.33평)
구조 : 철근콘크리트조
규모 : 지상 2층

ARCHITECT
무라타 준/
무라타 준 건축연구실
Tel : 03-3408-7892 (도쿄 도)

자연 가득한 옥상정원, 서재의 뷰를 즐기다

1 주변을 신경 쓰지 않고 유유자적할 수 있는 옥상정원. 벽으로 적당히 가리면서도 경치와 잘 어우러지게 만들었다.
2 서재는 생활공간에서 조금 떨어진 곳에 있다. 책상 위쪽의 창문으로 옥상정원의 모습이 보인다.

035

풍경을 품은
조화로운 집

남과 북을 나누듯 건물 중앙에
만든 안뜰. 커다란 물푸레나무
를 심어서 실내 어디에 있더라
도 나무가 보이도록 했다. 또
안뜰을 지나 들어오는 빛이 하
루 종일 실내를 밝게 비춘다.

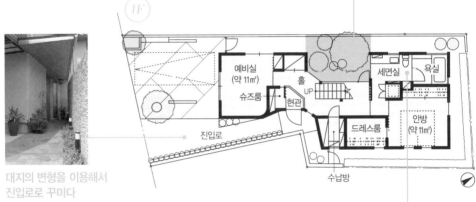

1F

예비실
(약 11㎡)

홀

UP

세면실

욕실

슈즈룸

현관

진입로

드레스룸

안방
(약 11㎡)

수납방

대지의 변형을 이용해서
진입로로 꾸미다

대지는 동쪽이 휜 듯 변형된 형태였
다. 도로 쪽에서 보면 안쪽으로 움푹
파인 모습이다. 여기에 돌을 놓아서
현관에 이르는 진입로로 조성했다. 먼
지를 차단하기 위해 이곳에 물을 뿌리
면 촉촉하고 좋은 운치를 자아낸다.

거 실과 주방은 안뜰을 사이에 두고 느슨하게 나
뉘져 있다. 두 공간이 마주보며 안뜰의 풍경이
실내로 들어올 듯 선명하다. 테라스 쪽의 창호를 열
면 거실의 개방성은 한결 좋아진다. 식당에서 강변에
핀 벚나무가 보이고, 다른 쪽 창으로 안뜰과 벚나무
가 시각적으로 연결되는 등 자연에 둘러싸인 집이다.

안뜰이 보이는 밝고
편한 화장실

1층에서는 유일하게 화장실
이 안뜰과 가깝다. 세면기,
변기, 욕조가 한데 모인 밝
고 편한 느낌의 공간이다.
유리 파티션을 세워 욕조에
서도 안뜰이 보인다.

대지 길이를 이용해
실내 넓이를 확보한 거실

거실은 대지의 폭이 가장 좁은 곳
으로 테라스와 거실, 안뜰, 식당
이 남북으로 이어지는 대지의 길
이를 이용해서 넓이를 확보했다.

부정형의 대지를 이용해서
운치 좋은 진입로로 삼다

대지는 남북으로 좁고 동쪽이 파
인 듯 변형되어 있었다. 도로에서
볼 때 안쪽으로 파고든 형태였기
때문에 실내와 연결하는 진입로
를 만들었다. 진입로를 지나 현관
문을 열면 안뜰과 가까운 보이드
가 보여 시야가 트인다. 1층 홀과
계단을 제외하고 모두 방으로 구
획되어 있다.

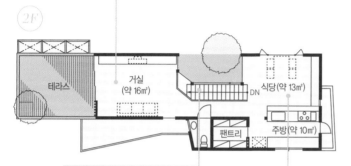

2F

| 테라스 | 거실 (약 16㎡) | 식당(약 13㎡) |

DN

팬트리   주방(약 10㎡)

철골 기둥을 목재 마감재로
감싸 안뜰과 조화를 이루다

기본 구조는 목조지만 안뜰을 감
싸는 보이드의 뼈대는 철골조다.
목조에는 지주가 포함되어서 안
뜰 경관을 가리기 때문이다. 철
골 기둥을 티크 목재로 마감해
주위와 조화를 이뤘다.

먼 경치와 가까운 경치를
모두 즐기는 주방과 식당

식당에서는 안뜰을 끼고 건너편으
로 거실이 보인다. 천장은 폭이 좁은
미송판으로 촘촘히 덧대 실내가 따
뜻해 보인다. 천장의 뒤편에는 흡음
재가 들어가서 생활음을 흡수한다.

DATA

소재지 : 지바 현
대지 면적 : 142.86㎡ (43.22평)
연면적 : 111.40㎡ (33.70평)
구조 : 목조 + 철골조
규모 : 지상 2층

ARCHITECT

아카사카 아키코 (현 주거 공방
아카쓰키 설계실)/유이 설계
Tel : 03-3808-0811 (도쿄 도)

창을 이용해 중정과
현관을 하나로

천장 높이의 통창과 안과
밖을 잇는 노출콘크리트
벽으로 중정과 현관의 연
결성을 강조했다.

036

개방감을 높인
중정과 옥상정원

중정을 방처럼,
실내는 개방성 좋게

안뜰을 담으로 둘러서 바
깥 시선으로부터 자유롭다.
낮에 롤스크린을 올리면
무척 화사한 공간이 된다.

배스 코트

욕실

세
면
실

차고

UP

현관

중정

아이 방
(약 13㎡)

1F

침 실은 2층에 중정 남쪽으로 두고, 일광이 좋은 북쪽
에 LDK를 배치했다. 중정으로 낸 발코니가 실내와
뜰을 잇는다. 대지 북쪽에 이웃집 벚나무가 있어서 거실
북쪽에 풍경을 빌릴 수 있는 차경용 가로 창을 설치했다.
중정을 둘러싸는 창은 모두 통창으로 설치했다. 뜰을 넘
어 건너편 방이 보여서 집의 공간감이 느껴진다.

거실과 소통되는 아이 방

지금은 사무실로 쓰고 있는
데, 앞으로는 아이 방으로 꾸
밀 예정이다. 아이 방 역시
통창으로 개방감을 높였다.
아이 방과 거실이 1, 2층으로
마주하고 있어 아이를 살필
수 있게 공간을 배치했다.

**중정이 보여서
넓게 느껴지는 LDK**

LDK는 24㎡로 좁지만, 안뜰
이 이어져 있어서 충분히 모
자란 넓이를 보충해 준다. 오
른쪽 문은 옥상정원으로 올
라가는 계단이 이어진다.

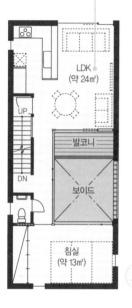

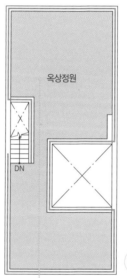

0 1 2 3m

**콘크리트 구조라서
가능했던 옥상정원**

옥상에는 보습성이 높은 토
양을 깔았다. 처음에는 정원
수가 말라죽는 일도 많았는
데, 지금은 손질법도 손에 익
어 안정되게 관리하고 있다.
다마 강에서 하는 불꽃놀이
를 볼 수도 있다.

공간 배치 포인트

현관을 넓게 만들어
손님맞이 공간으로 이용

남북으로 긴 대지를 최대한 꽉 채워 건물
을 세웠고 그 가운데 뜰을 설치했다. 건
물 외부에는 작은 창밖에 없고, 안뜰 쪽
으로 트여 있다. 전면 도로 쪽에는 빌트
인시킨 차고가 있는데, 차고 안쪽으로 들
어가면 현관문이 나온다. 현관으로 들어
서면 눈앞에 창 너머로 안뜰이 보여서 개
방감이 좋고, 넓은 현관이 손님맞이 공간
으로 제격이다.

DATA

소재지 : 도쿄 도
대지 면적 : 108.54㎡ (32.83평)
연면적 : 94.24㎡ (28.51평)
구조 : 철근콘크리트조
규모 : 지상 2층

ARCHITECT

무라타 준/
무라타 준 건축연구실
Tel : 03-3408-7892 (도쿄 도)

037

3개의 뜰이 집을
넓어 보이게 하다

경치가 바라보이는 서재

1층에 있는 집주인의 서재에서도 안뜰이 보인다. 뜰에는 희고 굵은 자갈을 바닥에 깔아서 전통식으로 장식했다. 3개의 뜰은 각각 다른 분위기로 조성해서 공간에 따라 기분도 달라진다.

밖과 이어지는 세면실

안뜰과 이어지는 세면실. 항상 밖으로 열려 있다는 느낌이 무척 좋다. 안뜰을 벽으로 감싸서 밖에서 보이지 않기 때문에 세탁물을 너는 공간으로도 활용한다.

[평면도: 안뜰1, 욕실, 세면실, 서재(10㎡), 안뜰2, 안방(20㎡), 차고, UP, 수납방1, 드레스룸, 현관, 포치]

대지를 6개의 구역으로 나눈 후 뜰과 건물을 배치하니, 각 공간에 자연스러운 개성이 생겼다. 뜰은 각각 분위기를 다르게 디자인했고, 담으로 둘러서 주택의 프라이버시를 확보했다. 각 뜰은 주택의 양방향에서 보이게 설계했다. 입구의 대지 변형 부분은 벽면 수납으로 활용했다.

안뜰과 한 공간처럼 꾸며 마음이 차분해지는 안방

갈색으로 차분하게 마감한 안방은 구석진 곳에 있고 지표에서 1m가량 아래쪽에 있다. 담장은 널벽으로 시공하고 실내 인테리어의 주 색상과 같아서 마치 한 공간인 듯 느껴진다.

3F

DN

아이 방
(21㎡)

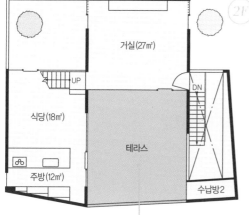

2F

거실(27㎡)

UP

식당(18㎡)

DN

테라스

주방(12㎡)

수납방2

공간 배치 포인트
잔디 테라스를 감싸는 개방성 좋은 거실과 식당

차고 위 테라스에 잔디를 심어 옥상정원으로 만들었다. LDK에는 커다란 통창을 달아서 테라스가 마치 집안으로 들어온 듯한 느낌을 준다. 아이 방의 계단은 거실이나 식당이 잘 보이는 곳에 설치해서 가족의 원만한 소통에 기여한다. 3층에서도 거실 동향이 보여서 고립감이 들지 않는다.

거실을 내려다보는 독립된 아이 방

아이 방은 현재 넓게 쓰고 있다. 방을 2개로 완벽하게 나눌 수 있도록 방문을 양쪽으로 냈다. 창에서 거실과 테라스의 모습이 잘 보여 아이가 안심하고 생활할 수 있게 했다.

잔디 테라스는 또 하나의 거실

식당, 주방, 거실, 잔디 테라스로 이어지는 세 곳의 안뜰과 마루 높이의 미묘한 차이가 풍부한 공간감을 선사한다.

DATA

소재지 : 도쿄 도
대지 면적 : 165.29㎡ (50.00평)
연면적 : 203.08㎡ (61.43평)
구조 : 철골조
규모 : 지상 3층

ARCHITECT

이토 히로유키 / 이토 히로유키 건축설계사무소, OFDA
Tel : 03-3358-4303 (도쿄 도)

양방향으로 열린 넓은 거실
거실은 중정과 남쪽 테라스와 각각 연결된다. 양방향에서 종일 빛이 들어오고, 타일을 깐 부분에는 바닥 난방을 설치해서 따뜻하다.

🏠 *038*

바람과 풍경을 맛보면서 식사를 즐기는 코트하우스

산딸나무가 있는 중정

사진은 식당에서 거실 쪽을 바라본 모습이다. 저녁식사가 끝나자 아이들이 거실로 이동하면, 부부는 뜰 건너 아이들의 모습을 바라보면서 식사 이후의 시간을 즐긴다.

중정이 있어서 더욱 넓어 보이는 공간

역ㄷ자 모양으로 중정을 둘러싸듯 식당, 주방, 거실을 배치했다. 주방이 2개의 공간을 연결하는 역할을 한다.

좁 고 긴 대지 형태에 맞춰서 식당, 중정, 거실을 일직선으로 배치했다. 이 집의 독특한 점은 식당의 위치다. 현관을 들어가면 바로 식당이 나온다. 선술집 같은 분위기에서 간편하게 식사를 할 수 있도록 현관홀과 식당을 나란히 두었다. 홀을 지나면 주방이 나온다. 주방은 거실로 가는 통로 역할도 겸하고 있다.

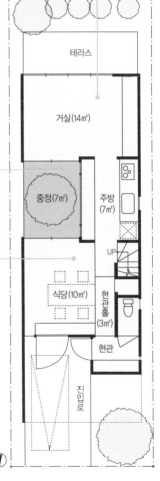

테라스

거실(14㎡)

중정(7㎡)

주방(7㎡)

UP

식당(10㎡)

현관홀(3㎡)

현관

진입로

1F

입욕 뒤에 테라스에서 바람을 쐬기도

욕실에는 배스 코트가 있어서 입욕이 끝나고도 벤치에서 쉬면서 바람을 쐬기도 한다. 욕실의 세면대는 핑크색으로 마감했고, 세면실의 세면대에는 파란색 타일을 깔았다.

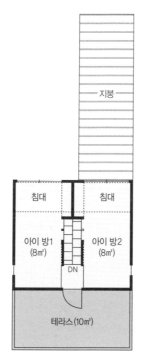

공간 배치 포인트
개인 공간을 중시하다

2층에는 부부의 침실, 코너를 이용한 서재, 테라스와 연결되어 채광이 좋은 욕실을 배치했다. 서재와 중정이 가까워 뜰의 풍경을 바라보면서 일을 하기도 한다. 욕실 옆에는 세면실이 따로 있어서 누군가 욕실을 사용하고 있으면 여기서 몸단장을 한다. 아이 방은 전망 좋은 3층에 배치했다.

DATA
소재지 : 도쿄 도
대지 면적 : 100.00㎡ (30.25평)
연면적 : 100.00㎡ (30.25평)
구조 : 철근콘크리트조 + 목조
규모 : 지상 3층

ARCHITECT
니시쿠보 다케코, 하라 유미코/
니코 설계실
Tel : 03-3220-9337 (도쿄 도)

자연 가까이 살고 싶다

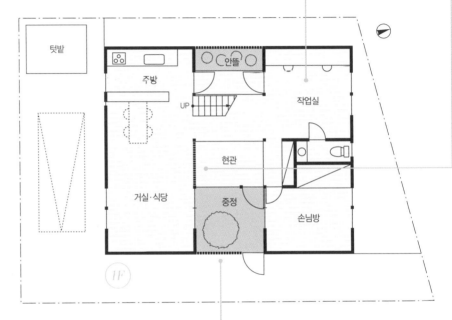

039

중정과 격자의 배치로 빛과 시선을 거르다

계단 뒤로 보이는 왕대의 푸름이 산뜻하다

이곳은 가족 모두가 사용하는 작업실이다. 사기에 그림을 그려 굽기 위한 가마도 설치되어 있다. 계단 근처의 안뜰에는 왕대가 자라고 있어서 석양을 어느 정도 차단해 준다.

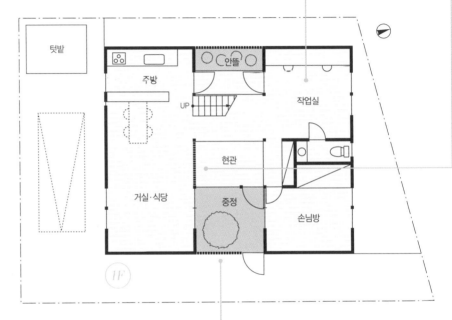

텃밭

주방

안뜰

UP

작업실

현관

거실·식당

중정

손님방

1F

마 루, 벽, 천장의 공정을 동시에 진행해 하나의 매스감을 살린 주택으로 만들었다. 공간을 잘록하게 만들거나, 시선을 거르는 격자무늬 파티션을 이용하거나, 위아래로 통하는 계단을 만들어 공간을 구분했다. 또 차분한 색으로 실내를 꾸며서 음영이 생겼고, 이로 인해 시선에 방해가 없어 공간이 넓어 보이는 효과를 얻었다.

밖으로는 닫고, 안으로는 열고

주변에 고층 다세대주택이 많아서 집주인이 밖으로 과하게 트인 집은 원하지 않았다. 그 의견을 존중하고자 건물 전체를 벽으로 두르는 매스감 있는 주택을 제안했다. 외벽의 창도 최소한으로 설치했다.

**빛과 그림자의 조화로
교토식 가옥의 분위기가 물씬**

작업실, 현관, 식당은 하나의 공간처럼 연결되어 있으며, 빛과 그림자의 풍경이 조화롭다. 현관과 식당 사이에 설치한 격자무늬 파티션은 보는 각도에 따라 반대편이 보이기도, 보이지 않기도 한다. 공간을 의도적인 열고 닫는 인테리어 아이디어다.

2층은 주로 흰색을 써서 밝게 꾸몄다. 프라이버시를 중시하는 콘셉트라 각 공간은 벽으로 나눴다. 반면 중정을 두르듯 안방, 아이방, 화장실을 배치해서 어디에 있어도 뜰 너머로 가족의 기척이 느껴진다.

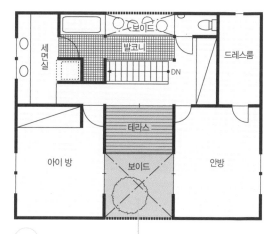

2F

**어느 방에서나 중정의
노각나무가 보이다**

계단을 올라 2층 층계참에 서면 중정이 한눈에 들어온다. 아이 방과 안방에서도 중정과 테라스가 보인다. 휴식 공간인 테라스 덕분에 가족 간의 대화가 풍성해졌다.

자연 가까이 살고 싶다

DATA

소재지 : 도쿄 도
대지 면적 : 166.45㎡ (50.35평)
연면적 : 134.15㎡ (40.58평)
구조 : 목조
규모 : 지상 2층

ARCHITECT

히코네 아키라, 카모다 히로토/
히코네 건축설계사무소
Tel : 03-5429-0333 (도쿄 도)

040

북쪽 거실에서
빛과 바람을 누리는
코트하우스

개방감을 살린 밝고 넓은 거실
보이드와 안뜰이 하나로 된 거실의 개방감은 탁월하다. 인테리어에 담담한 색을 사용해서 평온하고 고급스러운 공간이 되었다.

종횡으로 펼쳐지는 널찍한 공간
안뜰을 대형 창이 감싸고 안뜰 가까이 보이드가 있어서 종횡으로 널찍한 공간이 펼쳐진다. 부드러운 색조의 규조토와 졸참나무로 된 마루도 인상적이다.

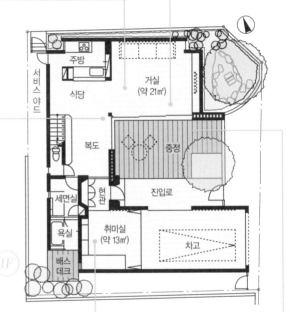

서비스야드

주방
식당
거실
(약 21㎡)

복도
중정

진입로

세면실
현관

욕실
취미실
(약 13㎡)
차고

배스데크

개인 공간과 채광을 중시한 집주인의 요구로 자연과 접할 수 있도록 안뜰을 마련했다. 2층 침실에는 루프 테라스를 설치해 채광을 확보했다. 또 이미 대지에 심어져 있던 산벚나무와 **이나리(마을의 풍년을 기원하며 제사를 지내는 사당)**를 대지 밖으로 옮겨서 마을 사람들과 공유하는 공간으로 만들었다. 마을 풍경을 중요하게 여기는 집주인의 아이디어다.

다양한 여가생활이 엿보이는 취미실
집주인의 요구에 따라 설치한 차고와 서재를 나란히 배치했다. 서재와 차고를 나누는 폴딩도어를 열면 그대로 한 공간이 된다.

안뜰의 신록이 실내를 화사하게

안과 밖을 하나로 조성해 넓은 공간을 얻었다. 거실의 상부 창으로 보이는 산벚나무와 안뜰의 나무들이 실내를 신록으로 색칠한다.

다다미방과 이어지는 다리 느낌의 복도

1층 복도의 보이드에 설치한 2층 복도는 다다미방으로 이어진다. 다다미방은 장지문을 열고 닫는 것으로도 공간이 나뉜다.

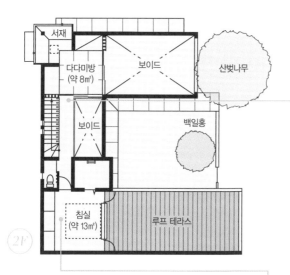

서재

다다미방
(약 8㎡)

보이드

산벚나무

보이드

백일홍

침실
(약 13㎡)

루프 테라스

2F

유유자적할 수 있는 코트하우스

안뜰을 역ㄷ자 형태로 감싼 코트하우스는 개방성과 안정감을 동시에 누릴 수 있는 구조다. 바깥 시선을 신경 쓰지 않고 유유자적할 수 있다.

개인 공간은 아늑하게

침실은 창 높이를 줄여서 아늑하게 설계했다. 루프 테라스에서 들어오는 빛과 바람을 조절할 수 있어서 쾌적하다.

DATA

소재지 : 가나가와 현
대지 면적 : 205,20㎡ (62.07평)
연면적 : 139,50㎡ (42,20평)
구조 : 목조
규모 : 지상 2층

ARCHITECT

스기우라 에이치/
스기우라 에이치 건축설계사무소
Tel : 03-3562-0309 (도쿄 도)

⌂ 041

자연광을 실내로
부드럽게 끌어들이다

**은은한 빛이 자아내는
안락한 개인 공간**

뜰과 가까운 침실은 창 크기를
줄여 차분하고 편안한 공간으
로 꾸몄다. 파스텔 톤의 인테리
어가 사랑스러운 느낌을 준다.

중정 가까운 곳에 식당과 욕실을 배치

1 도넛 형태의 설계로 식당은 빛과 넓이, 동선
을 확보했다. 창의 위치와 크기가 다 달라서
어느 창을 통해 보느냐에 따라 뜰의 모습도
다르다.

2 욕실에서 본 안뜰은 배스 코트 같은 용도
다. 노각나무가 가까이 보여서 힐링 효과도
있다.

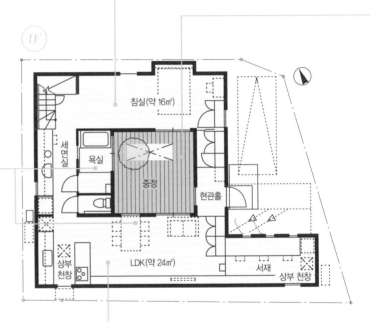

1F

침실(약 16㎡)

세면실
욕실
중정
현관홀

상부 천창
LDK(약 24㎡)
서재
상부 천창

대지의 위치가 일조량을 기대할 수 없는 곳에
있어서 중정을 중심에 둔 ㅁ자 주택을 제안
했다. 뜰에 있는 흰 벽에 빛이 반사되어 집 전체를
비춘다. 뜰을 중심으로 삼아서 채광과 통풍은 물론
공간마다 다른 조망도 얻었다. LDK와 침실, 욕실
을 1층에 배치해서 기능적인 동선을 확보했다. 회
유하는 동선 덕에 공간이 더 넓게 느껴진다.

**밝은 공간에 차분함을
더하는 목재 마감**

중정을 감싸고 있는 내벽
은 목재로 마감했다. 밝은
공간에 차분한 느낌을 더
하고 싶어서였다. 나무 소
재가 따뜻한 느낌을 준다.

흰 벽이 자연광을 반사해서 실내를 밝히다

모든 공간에 채광을 하기 위해 중정을 감싼 모든 벽을 화이트로 마감해 자연광을 반사시켰다. 나무를 심기 위해 단차를 둔 데크는 벤치로도 사용한다.

아래층과 이어지는 아이 방

널찍한 아이 방에는 1층으로 내려가는 계단이 바로 연결되어 있다. 왼쪽으로 보이는 창은 중정의 보이드와 가깝고, 더 뒤로는 테라스와 이어져 있다.

(2F)

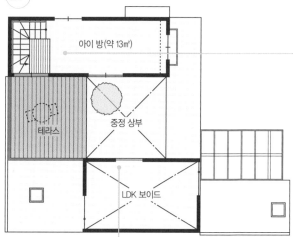

아이 방(약 13㎡)

테라스

중정 상부

LDK 보이드

DATA

소재지 : 지바 현
대지 면적 : 132.27㎡ (40.01평)
연면적 : 84.38㎡ (25.52평)
구조 : 목조
규모 : 지상 2층

ARCHITECT

다카야스 시게카즈/
아키텍처 라포
Tel : 03-3845-7320 (도쿄 도)

도넛형 설계로 개방성과 연결성을 확보

모든 공간이 뜰을 향해 열려 있어서 동선이 완만하고도 느슨하다. 2층의 아이 방에서 거실의 모습을 살필 수 있다.

자연 가까이 살고 싶다

⌂ 042

풍경이 다른 3개의 안뜰이 가족과 공간을 연결하다

백색 타일에 신록이 비치는 안뜰

건물 남쪽을 **셋백**(set-back, 건축물을 대지 정면의 경계선에서 **후퇴시켜 짓는 것**)시킨 공간에 조성한 백색 타일로 된 안뜰. 이웃집의 채광을 배려한 결과다. 이곳에 심은 물푸레나무는 차경 역할도 한다.

안뜰의 경치가 보이는 깨끗한 욕실

키 작은 식물을 심은 안뜰 바로 옆에 욕실을 두었다. 바깥을 보며 편히 쉴 수 있는 휴식 공간으로 충분하다. 창가의 초를 켜면 분위기도 그만이다.

현관

세면실

안뜰1

주방

욕실

식당(약 10㎡)

거실(약 10㎡)

안뜰2

안뜰3

용 적률 40%라는 한정된 건축 조건을 가진 116㎡의 대지. 외부 공간을 풍성하게 조성해서 내부 공간을 안락하게 만들기로 했다. 이웃집과 가까운 북쪽에는 이웃집의 채광을 배려해 안뜰을 두었다. 남쪽에는 프라이빗하면서도 주변과 어우러지는 2개의 안뜰을 배치했다. 이 3개의 뜰을 이어주는 공간으로 LDK를 설정했다. 작지만 빛과 바람과 공간 어느 하나 양보하지 않은 집으로 완성했다.

나무 데크가 있는 안뜰

식당과 이어지는 나무 데크가 있는 안뜰은 가족이 대화를 나누는 장소다. 식사를 하거나 차를 마시면서 여유로운 시간을 보낸다.

작은 풍경을 들인 기능성 주방

주방은 모던한 디자인 속에 수납 기능을 강조했다. 작은 창에서 엿보이는 이웃 정원의 모습이 화이트 컬러의 공간을 사랑스럽게 바꾸어 놓는다.

온 가족이 공유하는
공간은 밝고 심플하게

가족 모두가 사용하는 공부방은 빛이 잘 들도록 설계했다. 창에서 보이는 안뜰 풍경이 심플한 인테리어의 포인트다.

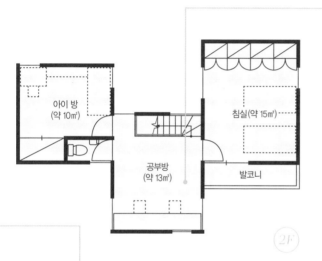

아이 방
(약 10㎡)

침실(약 15㎡)

공부방
(약 13㎡)

발코니

2F

3개의 안뜰로
더 넓은 느낌의 집으로

식당에서 세 곳의 안뜰을 보고 있으면, 바깥 공간이 실내 공간과 연결된 듯 느껴진다. 안뜰이 실제보다 더 넓게 느껴지는 효과를 설계에 반영한 것이다.

DATA
소재지 : 도쿄 도
대지 면적 : 115.25㎡ (34.86평)
연면적 : 90.56㎡ (27.39평)
구조 : 목조
규모 : 지상 2층

ARCHITECT
아사카 신타로/
아사카 신타로 디자인실
Tel : 042-319-8501 (도쿄 도)

자연 가까이 살고 싶다

4장

목재가 어우러진
집에 살고 싶다

나무를 실내 디자인에 적용한 사례를 소개한다. 나무 같은 질감이 느껴지는 소재 아이디어도 풍부하게 실려 있다. 구조재를 드러내거나 벽에 부분적으로 나무판을 대는 등 나무의 좋은 점을 살리면서 집안을 아름답게 꾸미는 방법을 알 수 있다.

목재가 어우러진 집에 살고 싶다

043

단차를 낮춰 공간에
안락함을 더하다

음영이 비치는 현관홀
마루와 천장은 어둡게, 벽과
계단은 화이트로 컬러를 대
비시켰다. 계단 위에서 내리
쬐는 빛 덕분에 그 대비가
선명하다. 안쪽에 보이는 곳
은 뜰이 보이는 세면실이고,
왼쪽에는 방이 있다.

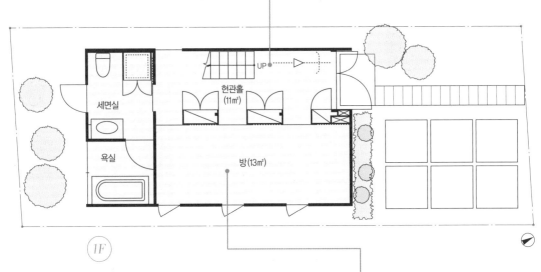

세면실

욕실

현관홀
(11㎡)

방(13㎡)

UP

1F

2층 마루를 파내서 두 곳에 구덩이와 같은 공간을 조
성했다. 그중 한 곳은 거실로, 다른 한 곳은 작업실
로 사용한다. 파인 공간에 가구를 둬서 시선을 가로막는
물건을 없앴고, 원룸처럼 널찍한 분위기를 살렸다. 현관
과 현관홀, 욕실과 세면실을 각각 하나의 공간으로 만드
는 등 공간을 한데 모아서 1층의 비좁음을 극복했다.

**방에는 출입구를 여러 곳
설치해서 편리하게**

앞으로 다양한 용도로 쓸 것을
생각해서 수납 가구로 방과 복
도의 경계를 나눴고, 세 곳에
출입구를 설치했다. 지금은 방
의 3분의 1을 스크린으로 가려
서 수납공간으로 쓰고 있다.

좁게 보이지 않도록 신경을 쓴 작업실

마루의 일부를 파낸 듯한 작업실은 바닥이 타일로 되어 있다. 선반, 책상, 의자 등의 가구가 마루에서 한 단 아래에 있어서 2층 공간이 무척 넓게 느껴진다.

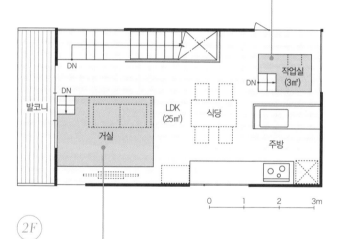

발코니

DN

DN

거실

LDK (25㎡)

식당

주방

작업실 (3㎡)

DN

0 1 2 3m

2F

낮게 깔린 마루가 안락한 느낌을 주는 거실

소파에 앉으면 무척 안락한 느낌이 든다. 소파처럼 크기가 큰 가구를 마루보다 아래쪽에 배치해서 집의 면적을 차지하는 물건이 없는 듯한 느낌이 든다.

수납공간을 확보하고 방을 넓게 쓰는 다층 마루 구성

83㎡라는 좁은 대지에서 넓이가 느껴지는 생활공간과 수납공간을 어떻게 확보할 것인지가 설계의 관권이었다. 1층과 2층 사이에 70cm의 층을 내서 수납으로 활용했다. 1층 방의 마루 아래쪽도 수납공간으로 쓴다. 한쪽으로 경사진 지붕의 형태가 실내에도 영향을 주어서 거실 층의 최고 높이는 5m에 달한다. 덕분에 개방성이 좋은 집이 되었다.

목재가 어우러진 집에 살고 싶다

DATA
소재지 : 도쿄 도
대지 면적 : 82.79㎡ (25.04평)
연면적 : 65.30㎡ (19.75평)
구조 : 목조
규모 : 지상 2층

ARCHITECT
모리 기요토시, 가와무라 나쓰코/
MDS 1급 건축사사무소
Tel : 03-5468-0825 (도쿄 도)

044

모던한 디자인과
나무 소재를 살린 집

**욕실과 침실이 바로
이어지는 공간 배치**

거실처럼 침실에도 격자문과
천장에 물푸레나무를 적용했
다. 통기성이 좋은 격자문 뒤
로 붙박이장이 있다.

**아래위 계단을 연결하는
심플한 계단홀**

회벽에 둘러싸인 지하 홀. 3개
층을 관통하는 상부의 보이드
가 각 층을 연결한다. 사진에
서 보이는 앞쪽 문은 아이 방
이고, 뒤쪽 문이 침실이다. 정
면은 세면실과 욕실이다.

BF

피트
공간

수납방

아이 방1
(약 11㎡)

UP

UP

아이 방2
(약 11㎡)

드레스룸

침실
(약 23㎡)

테라스

0 1 2 3m

목 재판을 천장과 창호에 적용하는 데 줄눈을 파거나 격자
모양으로 만들어서 판재의 두께와 깊이를 부각시켰다.
깊은 홈에 따른 그림자가 표정이 있는 천장 면을 만들어 공간
에 차분함을 더한다. 공간 구획에는 세로 격자를 사용했다. 일
본적인 장식이지만 심플한 벽으로 보이도록 홈과 격자의 폭을
조정했고, 전통적이기보다는 모던한 느낌으로 디자인했다.

격자 벽으로 공간을 나눈 다락

시선만 차단하는 격자 벽으로 구획을 나눴기 때문에 다락에서도 거실 쪽의 기척이 느껴진다. 닫힌 듯 열린 공간으로 만든 설계 포인트다.

개방성 좋은 거실

보이드가 있는 거실은 넓은 공간감을 확보하고 바깥 단열과 전관 공조 시스템으로 쾌적한 온열 환경을 유지한다.

공간 배치 포인트
동서남북으로 바람이 빠지는 심플한 상자형 집

높이를 낮춘 현관동 안에 사각으로 된 평면 거주동이 이어진다. 1층은 다락이 있는 입체적 느낌의 원룸 LDK다. 전면창이 남쪽에 크게 나 있고, 북쪽으로 통풍을 위한 슬릿창이 설치되어 있다. 동서쪽에도 뜰이 보이는 창이 있어서 통풍 걱정이 없다. 또 2층에서 지하를 잇는 거실 계단의 보이드가 각 층을 하나로 연결한다.

DATA

소재지 : 도쿄 도
대지 면적 : 198.69㎡ (60.10평)
연면적 : 172.60㎡ (52.21평)
구조 : 철근콘크리트조
규모 : 지하 1층 + 지상 2층

ARCHITECT

이노우에 요스케/
이노우에 요스케 건축연구소
Tel : 03-5913-3525 (도쿄 도)

목재가 어우러진 집에 살고 싶다

045

나무로 부드럽게
안팎을 감싼 집

**어두운 색조의 나무가
빚어내는 차분한 분위기**

LDK의 마루는 짙은 갈색의 실버 월넛이다.
천장에는 같은 소재로 된 시트를 붙여서 줄
눈이 보이지 않도록 깨끗하게 마감했다. 참
피나무로 된 맞춤형 가구도 짙은 색으로 도
색해서 차분한 느낌의 공간으로 꾸몄다.

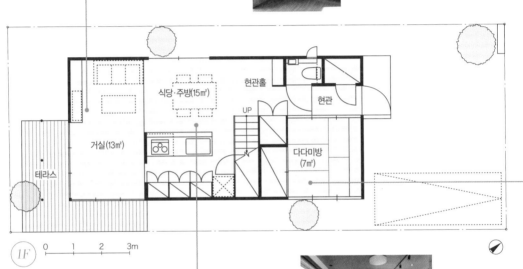

식당·주방(15㎡)

현관홀

현관

거실(13㎡)

UP

다다미방
(7㎡)

테라스

1F   0   1   2   3m

LDK의 얼굴인 미늘판 주방

외벽에 쓴 미송을 **미늘판(판을 수
평으로 붙인 널벽의 판)**으로 꾸민 주
방. 외벽과 같은 목재를 실내에도
사용해서 안과 밖의 일체감이 느
껴진다.

나무가 풍성한 주택지이지만 이웃집이 가로막
고 있어서 LDK에서 바로 경치를 바라볼 수
없다. 이런 환경에서는 자연을 느낄 수 있게 공간
을 설계하는 게 중요하다. 따라서 주위 자연과 잘
어울리도록 외벽을 나무로 감쌌다. 실내도 마찬가
지로 다양한 종류의 목재를 써서 마감했다.

**산뜻한 작업실로
꾸민 계단홀**

보이드를 역ㄷ자형으로 둘러
싸 널찍한 2층 홀은 맞춤형 책
장이 있는 작업실로 만들었다.
사다리 형태의 계단은 다락으
로 연결된다.

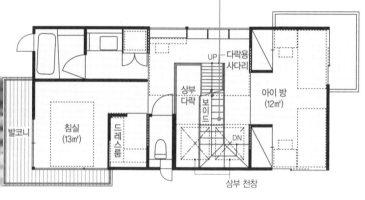

발코니

침실
(13㎡)

드레스룸

상부
다락

UP · 다락용
사다리

보이드

아이 방
(12㎡)

DN

상부 천창

2F

**현관홀과 이웃하는
다목적 다다미방**

미닫이문을 열면 현관홀과
이어지는 다다미방은 응접
실로도 쓰인다.

공간 배치 포인트

1층 거실에서의 가족 간
커뮤니케이션을 중시

아이 방과 거실이 가깝기를 바란 집주인
은 1층 거실을 고집했다. 대지의 폭이 좁
은 직사각형 대지에서는 주차장 공간 확
보를 위해서 2층에 거실을 두는 게 일반
적이다. 하지만 이 집은 이웃집과 가까운
남쪽으로 건물을 옮긴 후 북쪽에 주차장
과 1층 공간을 확보했다. 집 중심에 보이
드가 있고, 남쪽에 있는 이웃집도 높이가
한 단 낮기 때문에 채광에는 문제가 없다.

목재가 어우러진 집에 살고 싶다

DATA
소재지 : 도쿄 도
대지 면적 : 122.33㎡ (37.00평)
연면적 : 95.06㎡ (28.76평)
구조 : 목조
규모 : 지상 2층

ARCHITECT
다케우치 이와오/
할 아키텍츠 1급 건축사사무소
Tel : 03-3499-0772 (도쿄 도)

046

홀과 다다미방이
멋들어진 식당

2층으로 이어지는 연결부이
자 별채 같은 느낌도 드는 거
실. 테라스와 실내 바닥 색을
통일시켜 집의 안팎이 이어지
는 느낌이 들도록 했다.

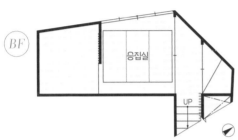

BF

응집실

UP

홀에 다다미를 덧붙인 식당
현관에서부터 이어지는 모르타
르 마루의 홀에 다다미를 덧붙인
식당과 주방 공간이 개성 있다.

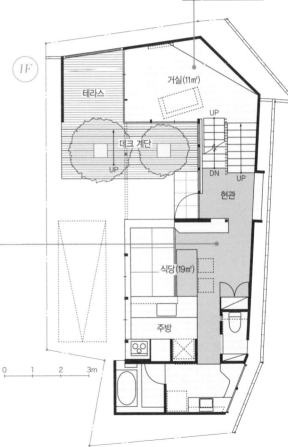

1F

테라스

거실(11㎡)

UP

데크 계단

UP

DN

UP

현관

식당(19㎡)

주방

0   1   2   3m

이 집은 **코트하우스(court house, 중앙에 정원을 설치
하고 그 주위에 건물을 배치한 주택)** 형태다. 진입로
를 길게 내서 현관이 있는 안뜰과 연결시켰다. 현관
을 중심으로 거실과 식당을 양쪽으로 나누어 배치했
고, 거실은 반 층 내려서 스킵플로어로 만들었다. 거
실과 식당은 안뜰 너머로 마주 보인다. 넓은 홀에 다
다미를 덧붙인 식당 구조가 신선하다.

공부방을 아이 방 옆에 배치

채광이 좋은 북향 통로 부근에 책상을 놓으니 공부방으로 변신했다. 공부방 옆으로 아이 방을 두었다.

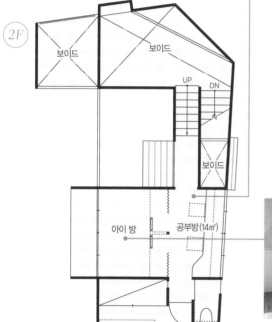

(2F)

보이드

보이드

UP DN

보이드

아이 방

공부방(14㎡)

침실(13㎡)

원목의 부드러운 분위기를 연출한 아이 방

아이 방은 커튼을 치면 2개의 방으로 나눌 수도 있다. 현재는 커튼을 치지 않아 공부방과도 구분이 없다.

공간 배치 포인트
마루의 단차가 조망을 변화시키다

안뜰을 둘러싼 2개 동을 스킵플로어로 분리했다. 식당과 주방은 1층, 거실은 1.5층, 개인 공간은 2층에 배치했다. 위로 올라갈수록 점점 사적인 공간이 되는 콘셉트다. 안뜰에는 거실로 이어지는 테라스와 데크 계단을 설치해서 높이에 변화를 주었다.

DATA
소재지 : 가나가와 현
대지 면적 : 108.81㎡ (32.92평)
연면적 : 101.49㎡ (30.70평)
구조 : 목조
규모 : 지상 2층

ARCHITECT
기시모토 가즈히코/
acaa
Tel : 0467-57-2232 (가나가와 현)

목재가 어우러진 집에 살고 싶다

047

서까래가 아름다운 기둥 없는 큰 지붕 집

규조토 벽에 둘러싸인 안락한 침실
1층 남쪽에 있는 침실이다. 프라이버시와 내진성을 생각해서 창의 크기를 최대한 줄였다. 규조토 벽으로 마감해 쾌적한 수면을 유도했다.

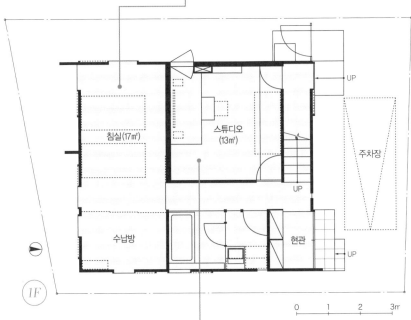

침실(17㎡)

스튜디오
(13㎡)

주차장

수납방

현관

UP

UP

UP

1F

0　1　2　3m

2층 천장의 구조적 특징을 공간 창출에 적극적으로 활용했다. 서까래는 조형적으로 아름답도록 면밀하게 신경을 썼다. **산자널(지붕 서까래 위에 까는 널빤지)**을 짙은 갈색으로 칠해서 밝은색의 서까래가 두드러진다. 천장의 정점으로 시선을 이끌면서도 흔들리지 않는 강함을 표현하려고 했다. 밤이 되면 산자널 부분이 어둠에 묻혀 낮과는 다른 분위기를 자아낸다.

일상에서 벗어나 음악에 집중하는 스튜디오

프로 뮤지션으로 활동하는 집주인의 스튜디오. 차에 기자재를 실을 수 있도록 주차장 쪽에도 출입문을 두었다. 반려견을 위해서 마루 일부에 타일을 깔았다.

공간 확보를 위한 주방 배치

거실과 식당 공간을 넓게 쓰기 위해 계단 부근에 주방을 배치했다.

공간 배치 포인트

1층은 기능에 따라 공간을 나누고 2층은 자유로운 열린 공간

남쪽 조망인 대지의 상태와 스튜디오를 어디에 어떻게 조성할 것인지가 설계를 하는 데 가장 주요했다. 1층은 스튜디오 주위를 감싸듯 각 요소를 배치해서 방음성을 높였다. 2층은 계단에서 거실로 이어지는 동선을 주방과 공유하고, 남쪽 조망이 보이는 위치에 창을 냈다.

발코니

LDK(32㎡)

DN

예비실(7㎡)

2F

가족이 마음을 터놓는 거실

빛의 양과 건축비를 생각해서 창의 크기와 수를 살짝 제한했다. 대신 가장 효과가 좋은 장소에 창을 설치했다. 거실은 천장이 높게 트여서 천장고가 낮고 좁은 스튜디오에 있을 때와는 또 다른 느낌을 갖게 한다.

DATA
소재지 : 가나가와 현
대지 면적 : 100㎡ (30.25평)
연면적 : 92.74㎡ (28.05평)
구조 : 목조
규모 : 지상 2층

ARCHITECT
히로베 다케시/
히로베 다케시 건축연구소
Tel : 044-833-9798 (가나가와 현)

목재가 어우러진 집에 살고 싶다

**노출된 구조재와
흰 벽이 어우러진 방**

아이 방은 노출된 구조재에
흰 벽과 천장이 어우러져
밝은 분위기를 자아낸다.

아이 방
(11㎡)

드레스룸

다다미방
(12㎡)

UP

DN

DN

1F

🏠 048

목조 프레임으로 된
채광 좋은 집

UP

현관

UP

반지하 사랑방
(37㎡)

BF

0 1 2 3m

벽지를 쓰고 싶지 않다는 집주인의 의견을 수용해
서 나무로 된 구조재를 노출시키는 공법을 썼다.
단 서까래가 너무 두꺼워서 옛집 느낌이 나는 걸 피하기
위해 선이 얇은 구조재를 사용했다. 집성재를 쓴 기둥과
서까래는 정면에서 볼 때의 횡폭이 60mm다. 이것들을
600mm 간격으로 배치해 독특한 구조를 만들었다.

**빛과 바람이 잘 드는
쾌적한 지하 방**

지하실에는 사랑방과 수납
방이 있다. 1층 마루를 지상
에서 900mm 높여서 지하의
남쪽에 상부 창을 달았다.

다양하게 쓰는 다다미방

현관 바로 옆에 있는 다다미방. 1층 마루가 현관홀에서 몇 단 높은 곳에 있어서 외부와 거리가 느껴진다. 밤에는 침실로, 낮에는 미닫이문을 활짝 열어서 응접실로 쓴다.

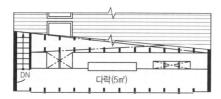

(LOFT)

DN 　다락(5㎡)

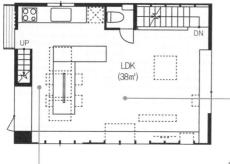

(2F)

UP DN LDK (38㎡)

공간 배치 포인트
넓은 LDK를 만드는 다채로운 공간 배치

한정된 공간을 유효하게 쓰기 위해 1층은 손님맞이 공간을 겸하고 있다. 현관홀은 계단실을 겸하며, 인접하는 다다미방은 홀과 이어져서 침실 겸 응접실로도 쓴다. 2층은 원룸으로 된 개방형 LDK다. 지하의 수납방에 잡동사니를 수납해서 집을 늘 깔끔한 상태로 유지할 수 있다.

DATA

소재지 : 도쿄 도
대지 면적 : 108.34㎡ (32.77평)
연면적 : 123.40㎡ (37.33평)
구조 : 목조 + 철근콘크리트조
규모 : 지하 1층 + 지상 2층

ARCHITECT

와카마쓰 히토시/
와카마쓰 히토시 건축설계사무소
Tel : 03-5706-0531 (도쿄 도)

나무 마감과 잘 어울리는 화이트 주방

흰색의 시스템 주방은 안주인의 선택이다. 환기구는 머리 위에 설치하는 대신 가스레인지 옆에 배기구를 냈다.

목재에 흰 벽을 더해서 밝고 따뜻하게

남쪽과 북쪽은 지붕 모양의 목조 구조재를 노출하고, 동쪽과 서쪽 벽은 하얗게 칠해서 조화를 이뤘다. 목재와 흰 벽이 밝고 따뜻한 분위기를 만든다.

목재가 어우러진 집에 살고 싶다

통로

팬트리

주방
(12㎡)

데크

데크

UP

UP

거실·식당(22㎡)

현관홀
(5㎡)

방1
(15㎡)

방2
(8㎡)

현관

1F

테라스

슬로프

수납방

자전거 주차장

0 1 2 3m

**스테인리스와 나무를
매치한 맞춤형 주방**

현관에서 직접 보이지 않도록 반개방형으로 만든 주방. 잡화를 좋아하는 안주인의 취향에 따라 주방 주변은 카페 분위기가 난다. 갈색으로 도색한 나왕 합판으로 카운터와 수납장을 제작했다.

049

나무숲과
어우러지는
목조 주택

내 장재로 나무를 썼고 모던한 느낌을 주기 위해 흰 벽을 더했다. 나무는 너무 두껍지 않은 것을 사용했다. 로그하우스 같은 분위기가 나는 걸 피하기 위해 마루 소재로는 마디가 없는 단단한 목재를 썼다. 단 다락으로 올라가는 계단은 바깥의 나무숲의 풍경에 맞춰 두꺼운 삼나무 원목으로 만들었다.

**집 밖의 나무와 집 안의
나무가 어우러지는 보이드**
숲의 경치가 잘 보이는 거실. 무게감 있는 삼나무 원목으로 만든 계단이 포인트다. 2층 안쪽으로 뻗는 조망이 가로로 트인 느낌을 준다.

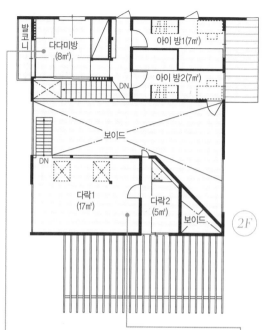

다다미방
(8㎡)

발코니

아이 방1(7㎡)

아이 방2(7㎡)

DN

보이드

DN

다락1
(17㎡)

다락2
(5㎡)

보이드

2F

공간 배치 포인트

직사각형의 평면 공간을 셋으로 분할해서 다양한 장소로 활용

직사각형으로 된 평면 공간을 구획해서 공간을 창출한 독특한 설계다. 현관과 현관홀에 만든 경사의 각도, 주방과 거실의 깊이, 천장 높이의 차등, 개방성과 마감의 차이 등에서 공간의 다양성이 느껴진다. 창을 곳곳에 배치해 다양한 프레임으로 풍경을 즐길 수 있도록 했다.

DATA
소재지 : 사이타마 현
대지 면적 : 489.62㎡ (148.11평)
연면적 : 138.25㎡ (41.82평)
구조 : 목조재래공법
규모 : 지상 2층

ARCHITECT
다마이 기요시/
다마이 아틀리에
Tel : 042-851-7116 (도쿄 도)

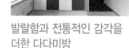

발랄함과 전통적인 감각을 더한 다다미방

다른 공간과는 사뭇 다른 분위기의 다다미방. 맹장지문의 바둑판 무늬는 집주인이 좋아하는 가쓰라 리큐(교토에 있는 황실 관련 시설)의 무늬를 인용한 것이다. 입구 쪽에는 검게 칠한 나왕 합판을 발랐다.

감성을 자극하는 작업실은 숲속의 은둔처 느낌으로

작업실은 천장의 가장 높은 곳에 마련했다. 겨우 설 수 있을 정도의 높이다. 창으로 나무숲이 보이는 기분 좋은 공간이다. 스타일리스트인 안주인이 여기에서 일을 준비한다.

나무 구조재가 드러나는 거실의 보이드

식탁을 중심으로 펼쳐진 거실은 마루 난방을 한다. 마루에는 졸참나무 원목을 파켓 시공해 마루 패턴이 아름답다.

목재 문의 소재감이 느껴지는 현관

도와다산(産) 돌을 깐 현관 입구를 오르면 목재로 된 문이 보인다. 문 양옆으로 장식된 낡은 목재가 복고적인 느낌을 자아낸다.

🏠 *050*

시간의 흐름이 느껴지는 집

[평면도: 주방(9㎡), 자전거 주차장, 현관, 포치, 욕실, 거실(16㎡), 상부 보이드, 다다미방(11㎡), 세면실 탈의실, 툇마루, 주차장, UP, 1F]

0 1 2 3m

현관에서 거실로 이어지는 짙은 색의 기둥과 서까래가 동선을 실내로 이끄는 장치로 쓰였다. 2층 동귀틀의 선단을 보이드까지 튀어나오게 해서 상부에 시선이 가도록 했다. 실내 곳곳에 낡은 목재와 오래된 창호를 써서 옛것과 새것이 위화감 없이 어울리는 공간으로 조성했다. 대량생산된 자재에서는 느낄 수 없는 가치를 찾고자 했다.

거실과 이어지는 다다미방

다다미방은 특별히 용도를 정하지 않고 자유롭게 쓰고 있다. 평소에는 미닫이문을 열어 놓고 거실과 한 공간처럼 쓴다.

차분한 분위기로 꾸민 서재

책상은 두꺼운 삼나무 판에 철재 다리를 달아서 제작한 것이다. BISLAY제 서랍을 달았다. 마찬가지로 주문 제작한 서가에는 집주인의 취미가 엿보이는 사진 앨범과 책이 가득하다.

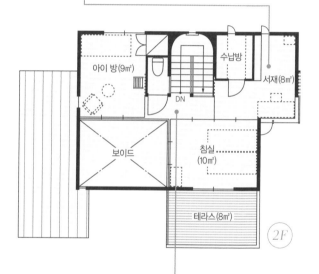

아이 방(9㎡)

수납방

서재(8㎡)

DN

보이드

침실(10㎡)

테라스(8㎡)

2F

방과 방이 부드럽게 나뉘고 연결되다

안쪽이 딸이 쓰는 방, 앞쪽이 부부의 안방이다. 두 공간의 분리와 연결이 자연스럽다. 누마루의 살평상의 형태를 일부러 노출했다. 지붕의 경사를 살려 북쪽에는 상부 창을 내 채광이 좋아졌다.

공간 배치 포인트

미닫이문을 달아서 공간을 넓게 쓰다

도로 쪽으로 크게 내단 공간에 다다미방을 배치했다. 거실에는 보이드를 둬서 2층과 이어지도록 했으며, 욕실을 비롯한 세면 공간은 아래채에 부속시켰다. 2층은 빙과 서재로 설계했다. 방은 보이드 가까이 배치해 개방성을 높였고, 1~2층 모두 미닫이문을 달아서 방과 방을 연결시켰다.

DATA

소재지 : 사이타마 현
대지 면적 : 132.24㎡ (40.00평)
연면적 : 101.36㎡ (30.66평)
구조 : 목조
규모 : 지상 2층

ARCHITECT

야스이 다다시/
크래프트사이언스
Tel : 075-741-8808 (교토 부)

🏠 *051*

빛과 바람이 드는
갤러리 같은 집

선명한 붉은색이 눈에
띄는 아일랜드 싱크대
붉은색의 아일랜드 싱크대가
식당과 주방 공간의 멋스러
운 오브제가 되어 준다.

**빛과 바람이 통하는
격자로 둘러싸인 거실**
현관과 식당 사이에 있는 거실
은 로비 같은 느낌으로 만들
었다. 세로 격자를 X자로 겹친
통풍 좋은 벽기둥이 바로 앞
식당과 안쪽 거실을 나눈다.

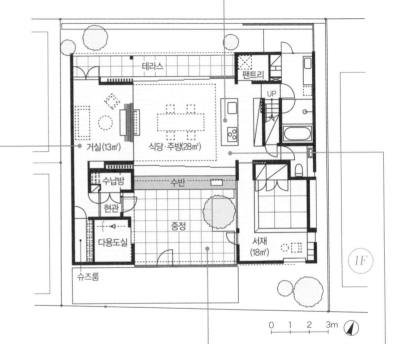

테라스

팬트리

UP

거실(13㎡)

식당·주방(28㎡)

수납방

수반

현관

중정

다용도실

서재
(18㎡)

슈즈룸

1F

0 1 2 3m

벽과 천장의 격자 모양의 구조재가 특징인 집이
다. 폭 45mm의 목재를 겹쳐서 강도를 높인 서
까래와 벽기둥이 거실과 식당의 경사지붕을 지지한
다. 넓은 공간을 큰 서까래와 기둥으로 지지하는 것은
쉽지만, 그러면 너무 투박한 느낌이 들기 때문에 섬세
한 구조재를 써서 느낌 좋은 공간으로 꾸몄다.

중정은 도시의 오아시스
화강암을 깐 중정. 빗소리와
계절의 흐름을 느낄 수 있도
록 수반을 설치하고 나무를
심었다.

**방과 방 사이를
연결하는 서재 코너**

2층 안방과 아이 방을 연결하는
통로에 서가와 책상을 둬서 서
재 코너로 꾸몄다. 책상 전면으
로 뜰이 보이는 창을 냈고, 뒤쪽
창으로 이웃집이 보이지 않도록
경사 지붕의 높이를 조절했다.

아이 방(8㎡)

서재
코너

드레스룸

DN

안방(16㎡)

2F

**교차하는 세로 격자가
갤러리 같은 느낌을 주다**

지붕을 지탱하는 벽기둥은
식당과 거실을 나누는 파티
션 역할도 한다. 세로 격자를
X자로 겹쳐서 두께감 좋은
현대적 디자인이 완성됐다.

공간 배치 포인트

중정의 배치로
프라이버시와 개방감 확보

도로와 가까운 대지 남쪽에는 중
정을 배치하고 격자문을 달았다.
이웃집이 보이는 북쪽으로는 직
사각형의 테라스를 배치했다. 남
쪽과 북쪽의 뜰에 경사진 지붕을
교차시켜서 정형지에 세운 코트
하우스에 약동감을 더했다.

DATA
소재지 : 도쿄 도
대지 면적 : 220.14㎡ (66.59평)
연면적 : 157.68㎡ (47.70평)
구조 : 목조
규모 : 지상 2층

ARCHITECT
야마나카 유이치로, 노가미 데쓰야/
S.O.Y. 건축환경연구소
Tel : 03-3207-6507 (도쿄 도)

콤팩트하고 기능적인 작업실

약 11㎡의 공간에 책상을 놓고, 천장 부근에 구조용 합판으로 만든 책장을 설치해서 각종 수집품과 자료 등을 알뜰하게 수납했다. 상부 공간을 활용해 수납을 해결하니 작업실 공간이 여유로워졌다.

心 052

심플한 공간에 개성을 더한 경사 기둥의 집

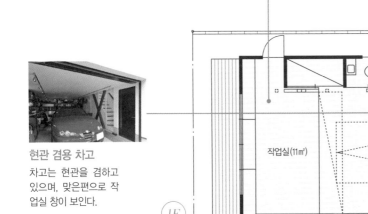

현관 겸용 차고

차고는 현관을 겸하고 있으며, 맞은편으로 작업실 창이 보인다.

작업실(11㎡)

차고(22㎡)

UP

현관

1F

이 집의 가장 인상적인 것이 2층과 3층에 사용한 경사 기둥이다. 1층에서 3층까지 이어지는 기둥이 아니라, 각 층의 기둥이 마루와 천장을 튼튼히 받치며 제 역할을 하고 있다. 덕분에 공간 배치를 자유롭게 할 수 있었다. 이 주변은 준방화 지역인데, 창 면적을 줄여서 기둥에 피복처리를 하지 않고 노출시킬 수 있었다.

맨발로 걷는 침실 마루는 원목에 밀납으로 마감

2층은 맨발로 걸을 때가 많아서 촉감이나 건강에 신경을 써서 마루 소재를 골랐다. 물푸레나무 원목을 깔고 밀납으로 마감했다.

**유리벽에 맞춘
비대칭 경사 기둥**

3층은 LDK이다. 계단실과 거실은 유리벽으로 공간을 나눴고, 유리벽에 맞춰서 기둥을 설치했다.

**주방 상부 공간을
활용한 다락**

3층 주방의 상부는 다락이다. 다락의 삼나무로 된 난간은 지주를 하나로 줄여서 공중에 뜬 느낌을 강조했다.

공간 배치 포인트
각 층의 기능을 분리.
빛을 나르는 직선 계단

1층은 집주인이 취미를 즐기는 차고, 2층은 침실과 욕실, 세면실로, 3층은 LDK를 배치해 층마다 용도를 확실하게 나눴다. 각 층은 심플한 원룸을 기본으로 삼았다. 1층부터 3층에 걸쳐 직선 계단을 설치했다. 계단실과 거실은 투명 유리로 공간을 나눠서, 계단실의 천창에서 들어오는 자연광이 다른 방까지 포근하게 감싼다.

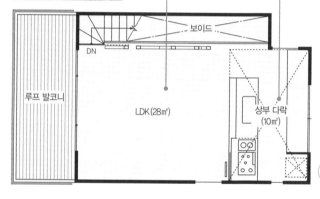

루프 발코니

보이드

DN

LDK(28㎡)

상부 다락
(10㎡)

3F

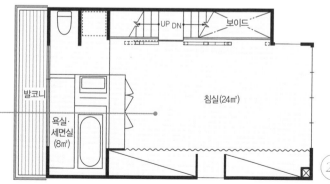

발코니

UP DN

보이드

욕실·
세면실
(8㎡)

침실(24㎡)

2F

DATA
소재지 : 도쿄 도
대지 면적 : 65.27㎡ (19.74평)
연면적 : 118.86㎡ (35.96평)
구조 : 목조
규모 : 지상 3층

ARCHITECT
사토 히로타카/
사토 히로타카 건축디자인사무소
Tel : 03-5443-0595 (도쿄 도)

목재가 어우러진 집에 살고 싶다

**다양한 기능을 가진
개폐가 가능한 외부 격자**

프라이버시를 지켜 주고 채광과 통풍이 좋은
격자는 부분적인 개폐가 가능하다. 그날의 기
분과 날씨에 따라서 빛과 바람의 정도를 조
절할 수 있다.

**기능적 동선으로
가사를 수월하게**

역ㄷ자 모양의 주방은 가
사 동선이 짧아서 무척 효
율적이다. 카운터를 설치
해서 주변을 살짝 가리는
효과도 얻었다.

🏠 *053*

움직이는 격자
파사드가 다양한
표정을 만들다

남북으로 좁고 긴 형태의 대지에 삼면이
이웃과 인접해 있고, 유일하게 트여 있
는 남쪽 방향도 도로를 끼고 정면에 주택이 서
있다. 집주인의 요구와 대지의 조건을 살펴본
결과, 건물 중앙에 보이드를 만들고 플로어를
남북으로 나누어 채광과 독립성을 확보했다.
격자로 주택 **파사드(건축물의 정면부)**에 이미지를
부여하고, 격자를 활용해 주변 시선을 차단하
거나 빛을 조절할 수 있게 설계했다.

욕실·
세면실

침실
(약 10㎡)

UP

서재

BF

테라스

식당
(약 13㎡)

주방
(약 8㎡)

UP

DN

UP

홀(약 10㎡)

현관

차고

1F

여유를 선사하는 옥상 공간

집주인은 옥상을 마음껏 활용하고 싶어 했다. 옥상의 콘크리트 부분은 앞으로 미니 화원으로 조성할 예정이다. 휴일마다 테이블에서 브런치를 먹거나 차를 마신다.

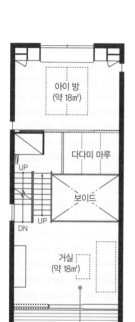

스킵플로어와 보이드로 닫힌 실내를 개방성 좋게 조성

남북으로 좁고 긴 대지의 삼면을 이웃집이 감싸고 있어서 건물 중앙에 보이드를 두어 개방감을 확보했다. 각 층은 반 층씩 단차를 두어 남북으로 분리했다. 보이드 덕에 채광이 좋아지고 스킵플로어 구조가 한정된 공간을 시각적으로 분리해주어 각 층의 독립성이 높아졌다.

[평면도: 2F]
- 아이 방 (약 18㎡)
- 다다미 마루
- UP
- 보이드
- UP
- DN
- 거실 (약 18㎡)
- 테라스

[평면도: RF]
- 옥상
- DN / UP
- 보이드
- 세탁물 건조용 테라스

DATA
소재지 : 도쿄 도
대지 면적 : 96.22㎡ (29.11평)
연면적 : 136.61㎡ (41.32평)
구조 : 철골조 + 철근콘크리트조
규모 : 지하 1층 + 지상 2층

ARCHITECT
안도 가즈히로, 다노 에리/
안도 아틀리에
Tel : 048-463-9132 (사이타마 현)

테라스의 빛과 바람이 격자를 통해 실내로

도로와 가까운 거실을 격자로 가렸다. 테라스에서 드는 빛과 바람이 격자를 통해서 거실로 들어온다. 계절과 날씨에 따라서 빛은 다양한 표정을 짓는다.

목재가 어우러진 집에 살고 싶다

5장

공간을 넓게
쓰고 싶다

좁은 집에 살더라도 넓은 공간감을 느끼고 싶은 건 당연하다. 이번 장에서는 주로 도심 주택들을 살펴보면서 높이를 확보해서 공간감을 키우는 법, 벽과 천장의 각도를 조정해서 공간을 확보하는 법 등 공간을 넓게 쓰는 공간 배치 노하우를 알아보았다.

공간을 넓게 쓰고 싶다

054

보이드와 단차를
이용해 좁은 주택에
여유 공간을 주다

**오래된 옷장을 벽면 수납장으로
쓰면서 색감도 통일**

침실에는 전부터 쓰던 안주인의 옷
장이 있다. 이 옷장을 수납장으로 활
용하면서 실내 색을 가구 색에 맞춰
갈색으로 통일했다.

1F

현관

UP

DN

침실(약 13㎡)

차고

UP

**화장실은 모자이크
타일이 포인트**

벽과 마루, 선반을 올 블랙
으로 꾸민 화장실. 1.5cm짜
리 모자이크 타일을 시공해
욕실에 포인트로 삼았다. 조
명도 은은하게 조화시켰다.

BF

반려견실

욕실

세면실

UP

거 실에서 반 계단 올라가면 식당이고, 거기서 반 계단
더 올라가면 다다미방이 나온다. 식당 쪽에서 거실로
이어지는 공간은 시각적으로 여유를 느끼게 한다. 또 창 위
치에 신경을 써서 각 공간에 변화를 줬다. 거실은 빛이 잘 들
게 해 밝고, 서재는 살짝 어두운 느낌으로 차분하게 꾸몄다.
계단 디딤판은 격자형 철재로 만들어서 그 틈으로도 부드럽
게 빛이 든다. 빛과 그림자의 대비가 공간에 깊이를 더한다.

**반지하에 있는 반려견실은
드라이 에어리어와 연결**

반지하의 반려견실은 드라이
에어리어에서 바로 드나들 수
있어서 산책을 갈 때 무척 편
리하다. 여름에는 시원하고 겨
울에는 따뜻한 지하는 개들이
지내기에 무척 좋다.

공중에 뜬 듯한 아담한 다다미방

식당과 거실 사이에 있는 다다미방이다. 다다미방 아래에 보이는 빈 공간은 식탁에서 다다미방을 바라봤을 때 거실이 보이도록 만든 것이다.

③F

보이드

DN

다다미방
(약 10㎡)

보이드

식당·주방(약 16㎡)

UP

DN

서재
(약 5㎡)

거실
(약 13㎡)

UP

서비스 발코니

②F

보이드 덕에 여유가 생긴 거실

동서로 긴 대지에 스킵플로어를 채용해서 수평으로 넓이를 확보했다. 거실과 식당에 보이드를 둬서 위쪽 공간도 여유롭다.

방 중심의 스킵플로어는 방범을 생각해서 닫힌 공간으로

6개 층으로 된 **스킵플로어**(skip floor, **바닥의 일부를 반 층씩 높이는 설계 방식**) 중 아래 2개 층은 빌트인 차고를 포함한 방 중심으로 꾸몄다. 현관으로 들어가면 반지하에 화장실과 반려견실이 있는데, 이곳은 방범을 생각해서 개구부를 최대한 줄이고 콘크리트 벽으로 둘렀다. 현관 바로 왼편의 차고는 실내와 바로 연결된다.

DATA
소재지 : 도쿄 도
대지 면적 : 81.19㎡ (24.56평)
연면적 : 121.76㎡ (36.83평)
구조 : 목조＋철근콘크리트조
규모 : 지하 1층＋지상 3층

ARCHITECT
와카하라 가즈키/
와카하라 아틀리에
Tel : 03-3269-4423 (도쿄 도)

공간을 넓게 쓰고 싶다

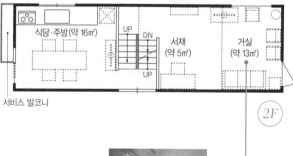

055

뜰과 연결해서
입체적으로
공간을 배치하다

안뜰 사이로 숲이 보이는 욕실

욕실은 공간을 넓게 배치해 시원하다. 안뜰 너머로 신록이 이어져 욕실 안팎으로 여유가 느껴진다.

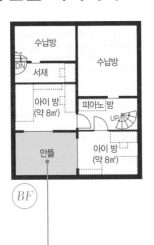

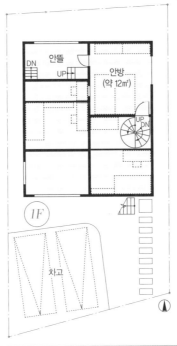

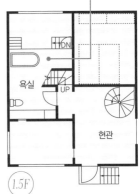

집 주인은 독립성 높은 공간을 원했다. 그래서 모든 방을 독립된 공간으로 조성하면서도 창을 내거나 바닥에 단차를 줘서 연결성 좋은 공간으로 꾸몄다. 또 각 층에 안뜰을 두어 어디에 있든 빛과 바람이 잘 들도록 했다. 각 공간이 안뜰을 끼고 부드럽게 연결된다.

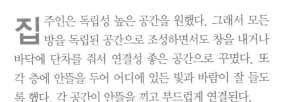

방과 방을 연결하는 안뜰

중학교 1학년과 초등학교 5학년짜리 아들 둘을 둔 집주인. 두 아들의 방을 목조 데크를 깐 안뜰이 연결해서 고립감이 없도록 배려했다.

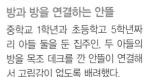

단차를 이용해 공간에 여유를 주다

거실, 식당, 주방, 테라스 정원이 밭 전(田)자 형태로 배치한 2층의 모습. 각 공간이 독립적으로 존재하면서도 단차를 줘서 부드럽게 이어진다.

공간을 입체적으로 배치해서 독립성과 연결성을 동시에 추구

각 공간을 반 층씩 내려서, 지하 1층, 지상 2층의 주택을 5개 층으로 쓸 수 있게 설계했다. 스킵플로어 덕에 각 공간의 독립성과 부드러운 연결성이 더욱 돋보인다. 독립적인 공간을 조성해 줄 것을 바란 집주인의 요구를 반영하면서 한정된 공간을 최대한으로 활용한 설계다.

(2F)

(2.5F)

크게 유리창을 낸 세면실

신록과 빛으로 둘러싸인 세면실은 시간이 천천히 흐르는 휴식 공간이다. 별장에 있는 느낌이라서 안주인은 매일 아침 몸단장을 하는 게 즐겁다고 말한다.

실내로 빛과 바람을 들이는 테라스 정원은 제2의 거실

건물 최상층에 있는 거실과 테라스 정원은 자연을 만끽하는 공간이다. 빛과 바람, 정원의 흙과 나무가 마음을 풍요롭게 해 준다.

DATA
소재지 : 가나가와 현
대지 면적 : 139,02㎡ (42,05평)
연면적 : 136,90㎡ (41,41평)
구조 : 목조
규모 : 지하 1층 + 지상 2층

ARCHITECT
곤도 데쓰오/
곤도 데쓰오 건축설계사무소
Tel : 03-3714-4131 (도쿄 도)

공간을 넓게 쓰고 싶다

056

2개의 원룸이 포개진 개성 있는 집

안과 밖을 연결하는 안뜰 느낌의 식당 공간

대지 북쪽에 있는 부모님 집의 뜰과 연결되는 식당과 주방. T자로 꺾이는 공간으로 원룸이면서도 마치 독립된 공간처럼 느껴진다. 북쪽 끝으로 갈수록 동쪽 끝의 거실과 서쪽 끝의 다다미방이 보이지 않는다.

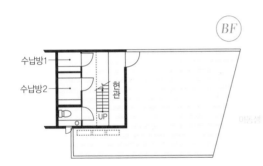

BF

수납방1
수납방2
현관
UP

1F

부모님 집 뜰

테라스1

식당·주방
(16㎡)

UP

DN

거실(32㎡)

다다미방(7㎡)

이 웃집과 가까운 1층 남쪽의 출입구와 창은 줄이고, 조망이 좋은 동쪽, 서쪽, 북쪽 방향으로 건물을 확장한 T자형 구조로 설계했다. 좌우와 위로 뻗은 각 갈래의 끝마다 보이는 경치가 달라서 공간마다 개성이 생겼다. 다다미방의 마루 밑과 지하에 있는 현관홀 옆으로 수납방을 마련했다. 평소에 잘 쓰는 생활용품은 거실 벽면 수납장을 활용할 수 있게 했다.

널찍한 광장 같은 거실

현관에서 이어지는 계단을 오르면 거실이 펼쳐진다. 너른 거실은 아이들이 뛰놀기 좋은 놀이 공간이다. 무척 단아한 느낌의 마루는 효율성 좋은 마루 난방을 한다. 이웃집과 가까운 남쪽 창은 최대한 줄였고, 중앙계단의 보이드에서 2층 테라스의 빛이 들어온다.

창을 줄이고 중심을 열다

T자 중심에 위치한 2층 테라스에서 빛이 들어온다. 테라스 뒤쪽은 아이 방이고, 테라스 왼쪽은 안방이다. 창을 줄여서 독립적인 공간들로 만들었다.

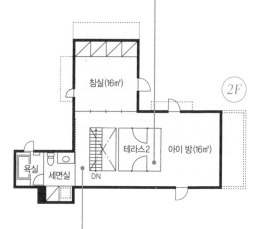

침실(16㎡)

2F

테라스2   아이 방(16㎡)

DN

욕실   세면실

**거실과 화장실을
짧은 동선으로 연결하다**

거실 계단을 오르면 바로 오른쪽에 세면실과 욕실이 있다. 개방성 좋은 욕실은 2층의 원룸 공간과 통한다. 물건을 밖으로 노출시키지 않기 위해 만든 벽면 수납장은 오목한 형태로 건물의 바깥쪽으로 돌출되어 있다.

테라스가 세 공간을 부드럽게 연결하다

창을 줄인 대신 테라스에서 빛과 바람을 받는 구조의 원룸이다. T자형 구조로 각 방향의 끝에 침실과 아이 방, 욕실과 세면실을 배치했다. 침실과 욕실에는 미닫이문을 달아서 평소에는 열어놓고 쓴다. T자의 중앙에 위치한 테라스가 세 공간을 부드럽게 연결해서 개방성 좋으면서도 독립된 공간을 만들었다.

DATA
소재지 : 가나가와 현
대지 면적 : 317.16㎡ (95.94평)
연면적 : 120.62㎡ (36.49평)
구조 : 철골조
규모 : 지하 1층 + 지상 2층

ARCHITECT
지바 마나부/
지바 마나부 건축설계사무소
Tel : 03-3796-0777 (도쿄 도)

공간을 넓게 쓰고 싶다

틈새 공간을 효율적으로 활용한 거실

목재 창호 너머로 빛이 들어오는 거실. 오른쪽으로 앤티크 가구를 놓은 틈새 공간이 보인다. 틈새 공간에는 목재로 주문 제작한 작은 창을 달았다. 상부에는 에어컨을 단 뒤 문으로 가렸다.

057

회유하는 동선으로
공간을 넓게 쓰다

집 의 중심인 주방을 끼고 동선이 도는 구조로 설계했다. 계단실 쪽에 2층까지 연결된 칸막이벽이 설치되어 한눈에 공간의 크기를 가늠하기 어렵다. 이동하면서 공간을 파악할 수 있는 구조다. 모르타르로 된 마루의 빛깔은 가까운 해안의 모래색을 모티브로 삼았다. 창을 열면 안뜰 너머 마을까지 수평으로 연결된다.

천창으로 온화한 빛이 드는 식당

식당에서는 거실이 바로 보인다. 남쪽은 측창 대신 천창으로 채광을 한다. 주방 카운터의 나무 질감이 화이트 공간에 조화롭다.

**위아래를 연결하는
보이드 옆 서재**

식당의 보이드 옆으로 서
재를 배치해 개방감 있는
공간으로 꾸몄다. 안쪽으
로는 딸이 쓰는 침실이 보
인다. 침실 오른쪽으로 드
레스룸을 두었다.

천장의 높이를 낮춰서
다락 같은 공간으로 조성

가족 수가 많지 않아서 2층은 1층의 절반
정도 넓이로 꾸몄다. 대신 수납공간을 충
분히 확보해서 생활공간에 여유를 줬다.
아치형 천장 아래에 있는 침실은 다락 같
은 느낌이다. 낮은 천장 높이와 북쪽 창
에서 들어오는 따뜻한 빛이 차분한 분위
기를 선사한다. 이음매가 없는 천장이 좁
은 공간을 넓어 보이도록 만든다.

공간을 넓게 쓰고 싶다

(2F)

드레스룸

테라스

아이 방
(16㎡)

서재

DN

보이드

**공간을 구획하고
연결하는 칸막이벽**

위아래 층을 관통하는 칸막이벽.
벽 왼쪽의 현관과 오른쪽의 주방,
식료품을 보관하는 팬트리로 나
눈다. 동시에 벽은 이 집 동선의
일부이기도 하다.

DATA

소재지 : 가나가와 현
대지 면적 : 165.29㎡ (49.98평)
연면적 : 114.05㎡ (34.50평)
구조 : 목조
규모 : 지상 2층

ARCHITECT

데시마 다모쓰/
데시마 다모쓰 건축사무소
Tel : 03-3812-2247 (도쿄 도)

058

동선을 고려한 방 배치로 입체적인 공간 설계

소호(SOHO)형 주택임에도 사무실과 개인 공간을 구분

차고 옆 계단을 반 층 오르면 현관이 나온다. 주택은 지하 사무실과 위층의 주거 공간으로 나뉜다.

바닥 단차로 생동감 있게 꾸민 지하 사무실

지하 사무실도 바닥에 단차를 두어 공간을 두 곳으로 나눴다. 반 층 위는 사무실로, 반 층 아래는 회의실로 쓰고 있다.

BF

보조 주방

사무실1 (약 13㎡)

사무실2 (약 11㎡)

DN

현관홀

UP

1F

보이드

차고

현관홀

UP

UP

0　1　2　3m

실내는 스킵플로어 구조로 2층은 침실이고, 반 층 올라서면 욕실과 방이 있다. 3층은 식당과 주방, 다시 반 층 올라서면 거실이다. 커다란 창이 난 테라스에서 충분한 양의 빛이 들어서 밝고 쾌적한 공간이 되었다. 3층 북서쪽에 있는 주방에서는 2층과 3층의 거의 모든 공간이 보여서 아이들을 살펴보기 편리하다.

일상 공간에 비일상이 녹아드는 유리 파티션 욕실

유리 파티션 욕실은 일상 공간에 비일상적인 느낌을 주기 위한 아이템이다. 식당과 반 층 아래에 있는 방은 미닫이문으로 공간을 나눴다.

자유롭게 배치한 창이 빛의 밀도를 변화시키다

개방성 좋으면서 독립된 공간을 꾸미고자 했다. 크기가 각기 다른 창은 스킵플로어 공간을 밖으로 노출하는 동시에 실내로 드는 빛의 밀도를 변화시킨다.

침실
(약 13㎡)

방(약 11㎡)

UP

UP

UP

홀

2F

식당·주방
(약 13㎡)

거실(약 23㎡)

(상부 UP
테라스)

DN

UP

3F

※옥상층은 생략함.

최상층에 있는 테라스가 아래층으로 빛을 나르다

거실의 반 층 위에 있는 테라스에서 들어오는 빛이 거실과 식당을 비춘다. 테라스는 세탁물을 건조하는 공간으로도 쓰인다.

빌트인 차고 배치가 실내 구성의 출발점

1층은 차고와 현관으로 이루어지며, 지하는 사무실이다. 차고는 대지 이용률이 높은 빌트인으로 만들었다. 남쪽에 있는 도로에서 진입이 쉽도록 건물의 동쪽 절반을 차고로 삼았다. 그 결과 동쪽과 서쪽에 단차를 두는 스킵플로어를 채용하기로 했다. 지하의 서쪽과 그보다 반 층 내려간 동쪽은 모두 사무실로 쓰고 있다.

공간을 넓게 쓰고 싶다

DATA
소재지 : 도쿄 도
대지 면적 : 72.69㎡ (21.99평)
연면적 : 130.50㎡ (39.48평)
구조 : 철근콘크리트조 + 목조
규모 : 지하 1층 + 지상 3층

ARCHITECT
다이 미키오/아키텍처 카페 ·
다이 미키오 건축설계사무소
Tel : 03-3545-4844 (도쿄 도)

059

간접 조명으로
공간을 디자인하다

**바닥에서 살짝 띄운 마루가
산뜻한 느낌을 주는 거실**

마루를 바닥에서 살짝 띄워 산
뜻하게 만든 거실. 마루 아래
틈에는 유리판을 넣어서 위아
래 층의 빛을 서로 통과시킨다.
심플하게 디자인된 계단은 공
간과 잘 어울리도록 설치했다.

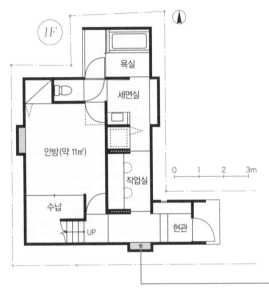

1F

욕실

세면실

안방(약 11㎡)

작업실

수납

UP

현관

0 1 2 3m

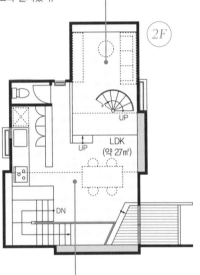

2F

UP

UP

LDK
(약 27㎡)

DN

1층에는 현관, 안방, 화장실이 있고, 현관에서
화장실로 이어지는 통로에 책상을 배치해 안
주인의 작업실로 조성했다. 안방 계단 밑은 널찍
한 수납공간으로 만들었다. 대지의 형태를 철저
히 활용한 공간 활용법이다. 현관, 안방, 화장실
모두에 은은한 간접 조명을 채용했다.

**경사진 벽면과 천장의
간접 조명으로 실내를
넓어 보이게 하다**

벽면에 경사를 두어 간접 조
명을 매입했다. 계단실 천장
도 경사를 두어 공간에 생동
감과 함께 넓어 보이는 효과
를 얻었다.

**가장 채광 좋은 3층에
아이 방을 배치**

건물의 가장 위층에 있는 아이 방.
남향에 커다란 창을 달아서 채광
이 무척 좋다. 방의 양옆으로는 출
입구가 있어서 방을 2개로 나눠
쓸 수도 있다. 창가의 수납도 가동
식이다.

3F

서재

UP

DN

UP

아이 방
(약 14㎡)

**간접 조명이 실내를
온화하게 비추다**

식당은 계단 공간과 일체형으로 조성해서
무척 넓게 느껴진다. 난간에 와이어를 달아
서 아이들의 안전도 고려했다. 식당 상부에
도 간접 조명을 설치했다. 벽이 바깥쪽으로
경사져 있어 실내가 넓게 느껴진다.

공간 배치 포인트
채광을 통해 위아래 층을
하나의 공간처럼

보이드(void, 층간 구획 없이 통으로 트여 있는 공
간)와 마루의 틈을 통해 거실과 3개 층을
하나의 공간처럼 꾸몄다. 2층에는 커다
란 간접 조명을 네 곳에 설치해 빛이 은
은하게 실내에 퍼지도록 했다. 간접 조명
은 벽 아래쪽에서 위쪽을 향하도록 설치
해서 위쪽 틈으로 채광하는 도구로 활용
했다.

DATA
소재지 : 도쿄 도
대지 면적 : 79.84㎡ (24.15평)
연면적 : 103.25㎡ (31.23평)
구조 : 목조
규모 : 지상 2층

ARCHITECT
고노 유고/
고노 유고 건축설계실
Tel : 03-5948-7320 (도쿄 도)

공간을 넓게 쓰고 싶다

060

벽과 천장의 각도로 공간이 넓어 보이는 원룸형 주택

원룸 공간에 다채로운
변화를 주는 창

주방 앞과 그 오른쪽에 낸 창.
실내에 들어서면 창 너머로
나무가 눈에 들어온다. 계절
마다 바뀌는 풍경이 새롭다.

(1F)

세면실·탈의실(7㎡)

욕실

포치

현관

UP

LDK(45㎡)

현관 입구는 반투명
파티션을 채용

현관문을 열고 들어와
도 바로 실내가 보이지
않도록 반투명 파티션
을 설치했다.

1층은 거실을 중심으로 식당, 주방이 일체형으로 된 원룸 공간이다. 거실의 보이드가 여유롭다. 음악 감상을 즐기는 집주인의 취미를 생각해서 보이드를 오디오 룸으로 쓸 수 있게 만들었다. 직사각형 공간이 아니라서 잔향 없이 깨끗하게 들린다.

벽과 천장의 각도를
조절해서 공간을 만들다

벽은 수직보다 조금 기울어
져 천장과 경사진 각을 이
루고 있다. 그 결과 비교적
닫힌 주택임에도 전혀 답답
한 느낌이 들지 않는다.

**북쪽 코너에 창을 내
트인 느낌을 주다**

도로와 가까운 북쪽에 고
정창을 크게 냈다. 삼면
이 이웃에 둘러싸인 중에
유일하게 트인 공간이다.

2F

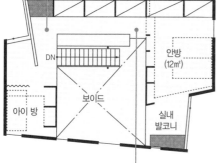

DN

안방
(12㎡)

보이드

아이 방

실내
발코니

**공간을 여러 개로
나누지 않고 넓게 쓰다**

2층 남쪽에는 안방과 실내 발코
니가 있다. 평소에는 방문을 열
어놓은 채로 공간을 넓게 쓴다.

공간 배치 포인트
방을 대각선으로 배치해서
시각적 여유를 확보

아이 방과 안방을 복도가 연결하
는 2층의 구조. 세 공간이 거실의
보이드를 역ㄷ자 형태로 둘러싼
다. 칸막이벽이 없는 원룸 공간이
라 어디서든 사람의 기척을 느낄
수 있다. 2개의 방은 대각선으로
배치했고 그 옆에 각각 창을 내
시선이 외부에 머문다.

DATA
소재지 : 가나가와 현
대지 면적 : 164.96㎡ (49.90평)
연면적 : 118.43㎡ (35.83평)
구조 : 목조
규모 : 지상 2층

ARCHITECT
히라노 고지, 시미즈 야스코/
스페이스 팩토리
Tel : 03-5449-7125 (도쿄 도)

공간을 넓게 쓰고 싶다

061

자연 친화적인 소재 사용
현관의 바닥재로 석재를 쓰고
문 밖의 차고 바닥까지 연결
했다. 차고의 천장에는 실내와
마찬가지로 삼나무를 썼다.

시간과 계절에 따라 달라지는 빛이 실내를 밝히다

BF

1F

천장에서 새어드는 빛
방음 효과를 얻기 위해 만든 지하
의 취미실. 자칫 폐쇄적일 수 있
는 공간이지만 작은 창을 통해 자
연광이 새어든다.

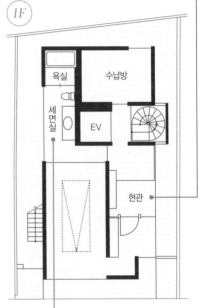

수납방

기계실　EV

취미실
(약 34㎡)

욕실　수납방

세면실　EV

현관

지 하와 1층은 철근콘크리트 구조다. 지하는 음악감
상실 겸 서재로 쓰며 특히 방음에 신경을 썼다. 지
하실이지만 작은 창으로 빛이 새어드는 밝은 공간으로
꾸몄다. 나선 계단을 오르면 나오는 1층에는 수납방과 화
장실이 있다. 옆집과 이웃하고 있어서 빛이 잘 들지 않는
아래층 창에는 불투명 유리를 써서 채광을 한다.

**공간 배치와 사용의
편의를 고려한 화장실**
화장실은 차고 사이의 유리
벽과 동쪽 창에서 빛이 들
어와 밝고 깨끗한 느낌이
다. 지하 계단실과 가깝게
배치해 사용이 편리하다.

회유 동선으로 공간을 만들다

2층 중앙에 있는 엘리베이터와 화장실을 감싸듯 LDK가 조성되어 있다.

거실, 식당, 주방을 차분하게 구획

2층 북쪽에는 거실과 식당, 남쪽에는 주방을 뒀다. 주방은 벽을 따라 역ㄷ자로 배치했다. 싱크대와 쿡탑, 취미와 가사 공간 순으로 흐르는 효율 좋은 동선이다. 또 작업대가 넓어서 요리할 때 무척 편하다. 거실과 식당에서 주방이 보이지 않기 때문에 손님이 갑자기 찾아와도 방해받지 않는다.

(2F)

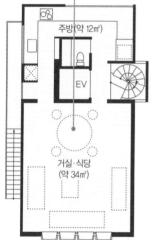

주방(약 12㎡)

EV

거실·식당 (약 34㎡)

(3F)

방(약 15㎡)

EV

안방 (약 24㎡)

창의 각도를 변화시켜서 빛을 조절하는 안방

3층의 안방은 보이드를 끼고 있어 2층의 거실과 연결된다. 보이드 부근에는 분할식 목재창을 설치했다. 이 창으로 환기를 하며 창의 각도로 빛의 양을 조절한다.

DATA
소재지 : 도쿄 도
대지 면적 : 103.87㎡ (31.42평)
연면적 : 232.90㎡ (70.45평)
구조 : 목조 + 철근콘크리트조
규모 : 지하 1층 + 지상 3층

ARCHITECT
히코네 안드레아/
히코네 건축설계사무소
Tel : 03-5429-0333 (도쿄 도)

062

개성 있는 공간을
서로 연결해서
넓어 보이는 실내

통창을 내서 밝게 꾸민 지하 안방

남쪽으로 통창을 낸 안방은 지하라고 생각할 수 없을 정도로 밝다. 오른쪽으로 안주인의 서재와 연결된다.

BF

드라이 에어리어

수납방

UP

서재1
(17㎡)

안방
(16㎡)

차고

자전거
주차장

드라이 에어리어

**수납방과 연결되어
사용이 편한 차고**

도로에 접한 층이 지하 1층. 차고 옆 계단을 올라가면 지상 1층이다. 차고에서 수납방까지 직선으로 연결되어 있어서 집주인이 골프백 등을 차로 옮길 때도 편하다.

거실과 식당 상부에 다락이 있다. 다락 아래, 천장까지의 높이는 2.2m다. 다락 양 끝에 보이드를 배치해서 원룸에 입체적인 느낌을 더했다. 여러 개의 쪽창을 내서 프레임마다 다른 경치를 감상할 수 있다.

**각 방과 잘 연결되는
화장실과 밝은 욕실**

4분의 1층씩 높아지는 계단 사이에 화장실을 배치했다. 모든 방과 직접 연결되어서 손님이 화장실을 이용할 때도 무척 편하다. 건물 북쪽에 있는 욕실은 천장에서 빛이 잘 들어 밝은 분위기다.

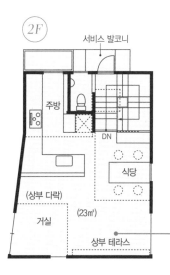

2F

서비스 발코니

주방

DN

식당

(상부 다락)

(23㎡)

거실

상부 테라스

곳곳에 낸 창으로
바깥 풍경을 감상

조망이 좋은 고지대의 장점을 살려서 2층에 거실과 식당을 배치했다. 도로와 가까운 남쪽은 창을 절제하고 다른 방향으로 곳곳에 창을 냈다.

입체적인 공간 설계로
실내가 넓게 느껴지다

남쪽으로 기운 경사지라서 남쪽 도로를 지하 1층으로 설정했다. 차고 옆 계단을 올라야 1층 현관이 나온다. 1층에 있는 집주인의 서재 겸 현관홀은 위아래 층을 잇는 계단실과 보이드를 끼고 있다. 입체적인 공간 설계가 방향 감각과 층간 구분을 모호하게 만들어서 실내 공간이 실제보다 더 넓게 느껴진다.

1F

욕실

세면실

DN
UP

서재2·현관홀
(9㎡)

현관

테라스

보이드

예비실(7㎡)

DATA
소재지 : 가나가와 현
대지 면적 : 112.73㎡ (34.10평)
연면적 : 137.53㎡ (41.60평)
구조 : 철근콘크리트조 + 철골조
규모 : 지하 1층 + 지상 2층

ARCHITECT
쓰루 리코/
쓰루 리코 건축설계스튜디오
Tel : 044-272-6932 (가나가와 현)

공간을 넓게 쓰고 싶다

063

세 곳의 플로어를
연결한 입체 원룸

**통로와 탈의실, 수납장이
함께 있는 다기능 공간**

침실과 욕실을 연결하는 통로와 탈의
실 겸 수납장이 있는 다기능 공간. 수
납장은 옷걸이와 서랍으로 간단하게
구성되어 있다. 이 공간과 오른쪽 세
면실 사이에는 미닫이문이 있어서 문
을 잠글 수 있다.

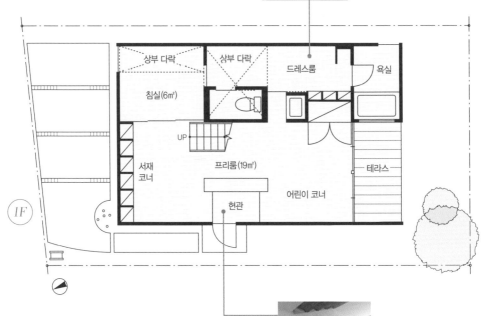

상부 다락

상부 다락

드레스룸

욕실

침실(6㎡)

UP

서재
코너

프리룸(19㎡)

현관

어린이 코너

테라스

1F

남쪽 공간과 북쪽 공간의 마루 높이를 달리해 칸막이
벽 없는 원룸에 거실과 식당 공간을 만들어냈다. 화
장실을 둘러싼 상자형 벽은 마루의 단차를 지탱하는 구조
벽 역할을 한다. 한눈에도 커다란 기둥 같은 느낌이 든다.
보이드를 중심으로 나선형으로 연결되는 스킵플로어는 기
둥 반대편으로 돌아 들어가며 공간에 깊이감을 더한다.

개방적인 현관

현관에 들어서면 넓게 트인 1층
이 여유로워 보인다. 가로로 누
운 신발장은 간이 의자로도 활
용된다. 현관문을 비롯해 실내
에도 미닫이문을 설치해 공간
활용도를 높였다.

집성재로 주문 제작한 주방 가구

주방 수납장과 아일랜드 카운터에 모두 집성재를 사용했다. 목공 공사를 해서 비용을 낮추고 기능성은 높였다. 세탁기와 식기세척기도 빌트인시켰다. 조리용 레인지 밑에는 무빙왜건을 놓았다.

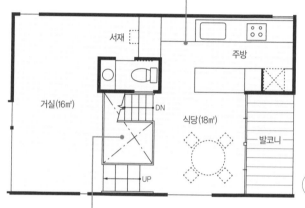

서재
DN
주방
거실(16㎡)
식당(18㎡)
발코니
UP
2F

보이드를 끼고 나선으로 연결되는 세 곳의 플로어

커다란 북쪽 창을 배경으로 떠 있는 듯한 마루 위에 식당과 거실이 있다. 보이드를 끼고 스킵플로어로 연결한 입체 원룸이라 어디서나 가족의 기척이 느껴진다.

공간 배치 포인트
불필요한 동선을 없애서 좁은 집을 넓게 쓰다

동쪽에는 수납, 화장실, 침실 등 생활과 밀접한 공간을 배치했다. 서쪽에는 다용도로 쓰는 '텅 빈' 공간을 배치했다. 침실과 욕실을 잇는 통로는 수납을 겸하도록 해서 복도나 수납방 같이 사용 빈도가 낮은 공간을 없앴다. 무엇 하나 빈틈없이 쓸 수 있도록 알뜰하게 공간을 꾸몄다.

DATA
소재지 : 가나가와 현
대지 면적 : 100.50㎡ (30.40평)
연면적 : 83.84㎡ (25.36평)
구조 : 목조
규모 : 지상 2층

ARCHITECT
이즈카 유타카/
i+i 설계사무소
Tel : 03-6276-7636 (도쿄 도)

139

064

천장고와 기둥,
나선 계단으로
공간을 나누다

**반투명 유리벽으로
은은한 빛을 들이다**

안방의 프라이버시와 채광을
위해 반투명 유리벽을 세웠다.
1층의 전면창도 반투명 유리를
채용해 은은하게 들어오는 빛
이 공간을 부드럽게 만든다.

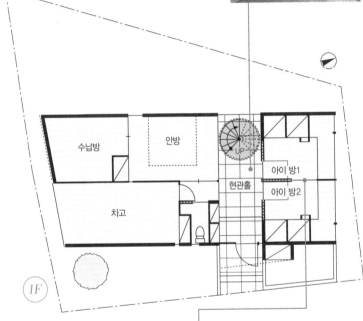

수납방

안방

UP

아이 방1

아이 방2

현관홀

차고

1F

주택 밀집 지역에서 프라이버시를 지키면서도
채광과 통풍을 확보하는 게 과제였다. 2층
남쪽으로 1.5층 높이의 보이드 천장을 확보했다.
창은 친정이 있는 북쪽과 예부터 사귀어 온 이웃이
있는 남쪽으로 냈다. 북쪽은 일조권을 침해할 수도
있어서 건물을 직각으로 잘랐다. 담으로 둘러싼 옥
외 테라스에서 빛과 바람이 들어온다.

**부모님이 옆집에 거주해
가능한 발상**

1층 북쪽에 좌우대칭으로 조
성한 아이 방. 수납이 있는 침
대와 책상은 주문 제작한 것
이다. 50cm 정도 바닥을 낮
춰서 공간을 넓혔다. 창 너머
로 뜰에 나와 계신 할아버지,
할머니를 볼 수 있다.

칸막이벽 없는 원룸 공간의 여유

2층에 있는 거실, 식당, 주방, 다다미 방은 모두 자연스럽게 연결되어 하나의 원룸을 형성한다. 가로 방향의 연결성을 생각해서 바닥 면적을 최대한으로 살렸다.

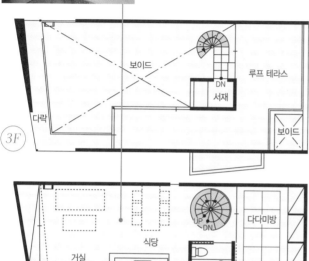

3F

보이드　　루프 테라스
DN　서재
다락　　　　　　　보이드

2F

거실　　식당　　다다미방
UP　DN
주방　　　　테라스

천장고와 기둥을 이용해서 공간을 나누다

주방의 천장은 거실과 식당보다 높이를 낮게 만들어서 공간을 구분했다. 기둥도 공간을 구분해 주는 요소다. 주방 안쪽으로 다용도실, 욕실로 이어져서 동선이 효율적이다.

공간 배치 포인트
각 방은 단단한 콘크리트로 마감하다

1층은 철근콘크리트조로 차고와 2개의 아이 방, 안방을 배치했다. 현관홀을 경계로 좌우로 방을 나눴다. 방범을 생각해서 1층은 도로 방향의 창을 최대한으로 줄였다. 그 때문에 아이 방은 부모님 집 쪽으로 배치했다. 계단실과 가까운 서쪽의 반투명 전면창을 통해 빛이 안방으로 들어온다.

공간을 넓게 쓰고 싶다

DATA
소재지 : 도쿄 도
대지 면적 : 129.09㎡ (39.05평)
연면적 : 109.23㎡ (33.04평)
구조 : 철근콘크리트조 + 목조
규모 : 지상 3층

ARCHITECT
후세 시게루/
fuse-atelier
Tel : 043-296-1828 (지바 현)

6장

깔끔하게
수납하고 싶다

아름답게 꾸미는 수납, 감추는 수납, 무엇이든 넣을 수 있는 대용량 수납, 데드 스페이스를 활용한 수납 등 깔끔하게 생활하기 위한 수납의 비법을 모두 공개한다. 가사 동선과 생활 동선을 동시에 고려하면 얼마든지 편리한 수납을 마련할 수 있을 것이다.

깔끔하게 수납하고 싶다

065

단차로 수납을 해결한
스킵플로어 주택

생활 동선을 공유해 활용성 높은 손님방

손님방은 현관홀과 화장실이 연결되는 회유 동선을 공유한다. 빈번하게 지나다니는 곳이라 평소에는 독서를 하거나 낮잠을 잘 때 가볍게 쓴다. 오른쪽 문을 열면 화장실이 나온다.

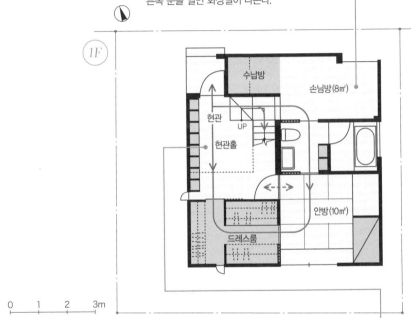

1F

수납방

손님방(8㎡)

현관

UP

현관홀

안방(10㎡)

드레스룸

0 1 2 3m

2층 건물을 6개 단으로 나누었다. 현관홀과 1층 침실, 2층 거실과 테라스, 반 층 올라간 주방과 식당, 가장 위층에 있는 세탁물 건조용 테라스로 실내를 구성했다. 천장 높이와 마루 단의 높이가 모두 다르다. 마루의 단차를 이용해서 1층 손님방과 2층 주방 사이에는 다락 수납방을 마련했다. 이 공간은 1층 수납방과 연결된다.

동선을 생각한 수납 계획

현관홀의 한쪽 벽면을 책장으로 짜 넣었다. 책장 아래쪽은 대용량 신발장으로 쓴다.

가사가 즐거워지는 만능 주방

스킵플로어의 최상부에 있는 주방. 2층 전체가 내려다보여서 가사 중에도 가족의 모습을 살필 수 있다. 팬트리 대신 대용량 카운터의 공간을 활용해서 수납한다. 세탁실과 세탁물 건조용 테라스가 바로 연결돼서 편리하다.

공간 배치 포인트
스킵플로어로 공간을 만들다

1층에는 방과 화장실을 배치했다. 2층은 반 층 올린 마루가 계단 보이드를 중심으로 연결되는 스킵플로어로 꾸몄다. 거실과 식당, 주방의 구분은 마루 단차를 통해 부드럽게 나눠진다. 2층 남쪽은 안뜰 느낌의 테라스를 만들었다. 거실 마루는 테라스 옆으로 돌출된 형태로 설계해 공간을 안락하게 분리시켰다.

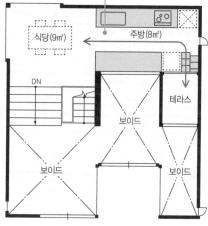

2.5F
- 식당(9㎡)
- 주방(8㎡)
- DN
- 테라스
- 보이드
- 보이드
- 보이드

2F
- 보이드
- 다락 수납방
- 보이드
- 놀이 코너 (4㎡)
- UP
- DN
- 거실(13㎡)
- 서재(5㎡)
- 테라스

스킵플로어를 이용한 다락 수납방을 만들다

주방 마루 아래에는 거실 마루와의 단차를 활용한 약 1m 높이의 다락 수납방이 숨어 있다. 1층의 수납을 포함해 수납 전용 공간이 많아서 LDK를 항상 깔끔하게 유지할 수 있다.

DATA
소재지 : 도쿄 도
대지 면적 : 100.25㎡ (30.33평)
연면적 : 101.95㎡ (30.84평)
구조 : 목조
규모 : 지상 2층 (다락 포함)

ARCHITECT
이즈카 유타카/
i+i 설계사무소
Tel : 03-6276-7636 (도쿄 도)

깔끔하게 수납하고 싶다

066

적절한 수납으로 깔끔한 실내

유모차도 들어가는 현관 수납장

현관을 열면 바로 현관 수납장이 보인다. 아이들 물건이 늘어서 수납장을 넉넉하게 만들어 놓기를 잘했다고 집주인은 말한다. 유모차같이 꽤 큰 물건들도 수납된다.

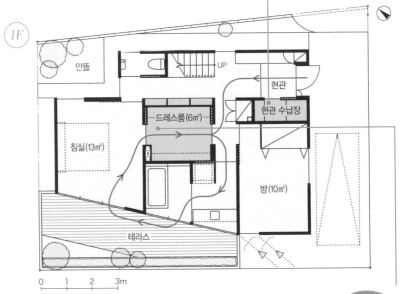

1F

안뜰
UP
현관
현관 수납장
드레스룸(6㎡)
침실(13㎡)
방(10㎡)
테라스

0　1　2　3m

기능을 중시한 1층은 공간을 구획하고 동선을 고려해 출입구를 만들었다. 드레스룸을 중앙에 배치하고, 출입구를 두 곳에 만들어서 자유롭게 드나들 수 있다. 또 생활의 편의성을 고려해서 현관과 계단 아래 수납공간을 만들었다. 비교적 널찍한 공간이 필요한 2층은 한 묶음으로 꾸민 LDK를 중심으로 한쪽에 방을 배치했다.

드레스룸 안에 숨은 동선을 만들다

드레스룸은 침실과 바로 연결되고 수납장은 붙박이 타입이다. 출입구가 양쪽에 있어서 현관, 세면실과 가깝고 외출 전후로 이용하는 데 무척 편리하다.

아이들의 공부방으로
활용할 공간

이 공간은 현재 집주인의 사무실로 쓰고 있지만, 앞으로 아이들의 공부방으로 쓸 계획이다. 평소에 자주 보는 책과 자주 쓰는 물건은 이곳에 보관한다.

2F

서비스 발코니

DN

공부방(5㎡)

방(10㎡)

주방(9㎡)

거실·식당(25㎡)

보이드

테라스

대용량 수납장을 확보해
쾌적한 거실

LDK의 뒤편에 공부방이 있다. 잡다한 물건은 벽 반대편에 있는 선반에 분류해서 수납한다. 공부방 입구 오른쪽에도 대량 수납이 가능한 공간이 있어서 이곳에 재봉틀과 다리미 등을 보관한다.

공간 배치 포인트

공간의 성격에 따라
천장 높이에 변화를 주다

1층은 비교적 촘촘한 공간이라 보를 노출시켜서 층간 높이를 낮췄다. 반대로 2층은 일체형으로 된 공간이라 위쪽 공간을 최대한 확보했다. 거실과 식당 천장은 2층 높이까지 올려서 상부에 다락을 설치할 수도 있다. 이웃과 채광 간섭이 일 수 있는 공간에는 주방과 방을 배치했다.

DATA

소재지 : 도쿄 도
대지 면적 : 119,04㎡ (36,01평)
연면적 : 113,05㎡ (34,20평)
구조 : 목조
규모 : 지상 2층

ARCHITECT

우에모토 슌스케/
우에모토 계획디자인
Tel : 03-3355-5075 (도쿄 도)

깔끔하게 수납하고 싶다

067

데드 스페이스를
활용한 수납공간

**손님용, 일반용을 나눈
2WAY 현관**

현관 입구에 타일을 깐 손님용
현관은 건물 북쪽에 있다. 가족
이 주로 사용하는 현관은 짐이
드나들기 쉽도록 건물 서쪽의
차고 가까운 곳에 만들었다.

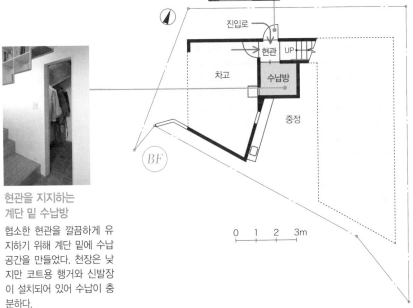

**현관을 지지하는
계단 밑 수납방**

협소한 현관을 깔끔하게 유
지하기 위해 계단 밑에 수납
공간을 만들었다. 천장은 낮
지만 코트용 행거와 신발장
이 설치되어 있어 수납이 충
분하다.

0 1 2 3m

대지의 남쪽에 이웃집이 있다. 폭이 좁고 동서로 긴
변형지라서 건물을 두 동으로 나누고 중정을 조성
해 채광을 하기로 했다. 동서로 나눈 건물은 반 층의 단차
가 있는 계단실로 서로 통한다. 현관과 바로 통하는 식당
과 주방, 거실이 주 생활공간이다. 거실은 중정과 계단실
을 끼고 있어 건너편 식당에서도 서로 기척이 느껴진다.

아이들의 미니 도서관

계단 보이드에 세운 높이
5m짜리 '미니 도서관'. 책
장이 귀가 동선상에 있어
서 관리하기 좋다. 아이들
의 독서실로도 그만이다.

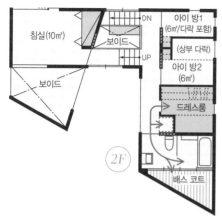

침실(10㎡)

보이드

보이드

DN

UP

아이 방1
(6㎡/다락 포함)

(상부 다락)

아이 방2
(6㎡)

드레스룸

2F

배스 코트

카운터 중심의 회유 동선
길이 3m짜리 주방 카운터를
중심으로 둥글게 동선을 짰
다. 여러 사람이 모여서 가사
를 해도 문제없을 정도로 카
운터가 넓다.

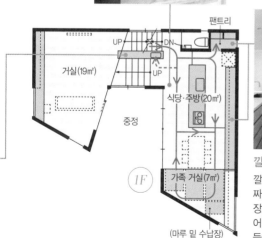

거실(19㎡)

중정

UP

UP

DN

팬트리

식당·주방(20㎡)

가족 거실(7㎡)

(마루 밑 수납장)

1F

깔끔한 주방 수납장
깔끔하게 정리된 주방은 약 5m
짜리 벽면 수납장과 카운터 수납
장, 커튼으로 가린 팬트리로 이루
어져 있다. 상부 수납장의 문은
들어 올리는 방식으로, 옆쪽의 문
도 같이 열려서 수납이 편하다.

대지 단차를 이용한 스킵플로어가 공간을 부드럽게 연결하다

전면 도로보다 1m 높은 지반에 있는 대
지의 특성을 살려서 차고를 지하에 마련
했다. 이로써 실내 공간을 확보했다. 도
로와 같은 높이에 있는 차고와 현관을 기
점으로 반 층씩 올라가면서 거실과 연결
되는 스킵플로어 설계. 현관 계단 밑에
는 수납장을 설치했다.

깔끔하게 수납하고 싶다

DATA
소재지 : 도쿄 도
대지 면적 : 111.01㎡ (33.58평)
연면적 : 120.83㎡ (36.55평)
구조 : 목조
규모 : 지하 1층 + 지상 2층

ARCHITECT
쇼지 다케시/
쇼지 건축설계실
Tel : 03-6715-2455 (도쿄 도)

068

대용량 수납장을
넉넉하게 갖춘 집

삼면이 구두로 둘러싸인 슈즈룸

현관 옆에 있는 슈즈룸. 벽 세 면에 신
발 수납장을 만들어서, 80켤레의 신
발을 가지런히 정리했다. 신발을 바로
바로 찾을 수 있게 신발 앞을 살짝 기
울여 보관한다. 거울이 있어서 나가기
전에 상태를 체크하기에도 편하다.

1층에는 방, 2층에는 LDK를 배치했다. 현관과 계
단홀의 양쪽으로 방을 두었다. 현관 옆에는 슈즈
룸을 설계해서 신발을 깔끔하게 정리했다. 자가용을
자주 이용하는 집주인에게 차고와 현관을 쉽게 드나
들 수 있는 건 중요하다. 2층은 거실과 화장실 쪽 계
단 사이에 유리벽을 세워 개방감을 살렸다.

**드레스룸이 있어서
몸단장이 편한 안방**

1층에 있는 안방은 잘 독립
된 공간이다. 드레스룸과 파
우더룸을 짧은 동선 안에
배치해 이용이 편리하다.

**인테리어에 방점을 찍는
아일랜드 주방**

밝은 배경에 그레이 톤의 주
방 가구가 심플함을 더한다.
아일랜드 싱크대의 넉넉한
카운터 길이로 안주인은 주
방 일이 편하고 즐거워졌다.

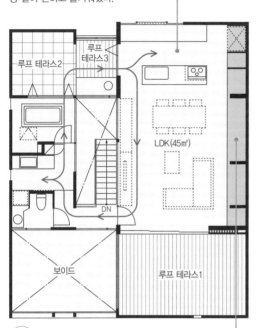

루프
테라스3

루프 테라스2

LDK(45㎡)

DN

보이드

루프 테라스1

(2F)

**거실을 정리해 주는
대용량 벽면 수납장**

구조 벽을 이용한 대용량 벽면
수납장. 무엇이든 수납할 수 있
어 든든하다. 수납장 위에 놓은
커다란 꽃병 장식이 밋밋한 벽
면에 포인트가 되어 준다.

공간 배치 포인트
거실의 넓이를 보완하는 높은 창

거실과 식당의 보이드는 높이가 약 5m
다. 가까운 이웃의 녹지가 실내에서 보이
도록 높은 곳에 창을 달았다. 현관과 계
단홀은 2층까지 보이드로 조성해서 테라
스까지 트이게 설계했다. 이런 발상을 통
해 현관을 개방성 좋게 꾸몄다. 욕조를
설치하기 위해 화장실 마루 단을 조금 높
이고, 슈즈룸의 천장을 조금 낮췄다.

DATA

소재지 : 도쿄 도
대지 면적 : 148.77㎡ (45.00평)
연면적 : 168.05㎡ (50.84평)
구조 : 목조
규모 : 지상 2층

ARCHITECT

가시와기 마나부, 가시와기 호나미/
가시와기 스이 어소시에이츠
Tel : 042-489-1363 (도쿄 도)

깔끔하게 수납하고 싶다

069

넓게 퍼지는 동선과
분산 수납으로
공간을 넓게 쓰다

아이 방 겸 서재

벽면 2개를 이용해 책장을 커다랗게 짜 넣은 아이 방. 집주인의 장서도 이곳에 보관한다. 아이들이 놀기 좋도록 원룸형으로 넓게 꾸몄다.

침구 수납은 계단실 아래에

안방에 이불장이 없어서 계단실 밑을 이용해서 이불을 수납한다. 공간이 꽤 깊어서 침구를 수납하는 데 적당하다.

아이 방
(13㎡)

안방(9㎡)

UP DN

드레스룸

현관

창고

1F

현관과 계단을 중심으로 방사형 동선을 그리는 구조다. 각 공간마다 수납 기능을 추가했다. 특히 신경을 많이 쓴 2층 주방은 거실과 식당에서는 보이지 않는 안쪽 공간에 각종 식료품을 보관할 수 있는 팬트리를 마련했다. 1층 세면실과 욕실에는 갈아입을 옷과 타월을 보관하는 수납장을 설치했다.

**안방에 마련한
수납장과 드레스룸**

옷이 많은 안주인을 위해 안방에 붙박이 수납장을 따로 마련했다. 왼쪽은 드레스룸 입구로, 오른쪽 벽면은 전부 수납장이다.

주방 가구 곳곳이 수납장

사진 왼쪽의 수납장에는 평소에 쓰는 식기를 수납한다. 싱크대의 발밑에는 쓰레기통과 와인 랙을 놓았다. 자투리 공간을 모두 수납으로 활용했다.

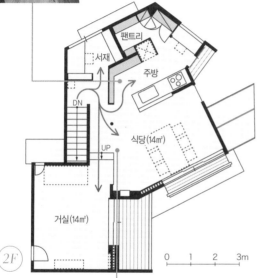

팬트리

서재

주방

DN

UP

식당(14㎡)

거실(14㎡)

2F

0 1 2 3m

공간에 변화를 줘서 구분한 거실과 식당

비스듬하게 꺾인 공간에 스킵플로어를 둬서 거실과 식당을 나눴다. 덕분에 각각 다른 느낌의 개성 있는 공간이 되었다.

공간 배치 포인트

스킵플로어 구조로 위아래 층을 연결하다

대지는 북쪽이 남쪽보다 60㎝ 정도 낮다. 이 단차를 그대로 설계에 반영해서 스킵플로어 주택으로 만들었다. 현관과 화장실이 있는 층이 위아래 층의 중간이 된다. 위아래 층의 거리를 가깝게 만들어서 생활하기가 무척 편하다. 거실은 천장 높이를 낮추고 마루 단을 높여서 안락하게 꾸몄다.

DATA

소재지 : 도쿄 도
대지 면적 : 121.83㎡ (36.85평)
연면적 : 100.34㎡ (30.35평)
구조 : 목조
규모 : 지상 2층

ARCHITECT

구마자와 야스코/
구마자와 야스코 건축설계실
Tel : 03-3247-6017 (도쿄 도)

070

계단실의 벽면 수납장이
위아래 층을 연결하다

내장재를 달리 써서 감각 있게 꾸민 현관

천장 높이에 맞춰서 현관문을 수직으로 디자인했다. 문 주변 벽도 문과 같은 목재로 마감했다. 현관 바닥은 콩자갈을 깔고 추위에 대비해 축열 난방기를 설치했다.

다다미방을 자주 이용하도록 동선을 두 방향으로 설정

다다미방에는 현관홀로 이어지는 문과 안방과 연결되는 문 2개가 있어서 어디서나 드나들기가 좋다. 방 안쪽 벽장은 하단을 띄워서 아래에 간접조명을 달았다. 벽장문은 세련된 디자인을 채용했다.

안뜰2　안뜰3　현관홀　UP　세면실　차고　욕실　다다미방(7㎡)　안방(12㎡)　안뜰1　UP　서재　수납방(3㎡)　선룸(2㎡)

1F

0　1　2　3m

안 방 안쪽에 2층과 연결되는 또 하나의 계단실을 두고 이곳에 서재를 꾸몄다. 서재는 나선 계단으로 LDK와 연결되며, 아이들도 자주 이용한다. 서재와 안방은 미닫이문으로 나눌 수 있다. 다다미방에도 미닫이문을 달았다. 세탁물은 유리창으로 된 선룸에서 건조한다.

외부와 차단한 서재

서재는 창 크기를 줄인 대신 보이드를 통해 위에서 빛이 내리쬔다. 집주인은 안방 쪽 미닫이문을 닫고 가족들이 모두 잠든 뒤에 독서 삼매경에 빠지곤 한다.

**카운터와 테이블의 높이를
맞춰서 깔끔하게**

주방 벽에는 카운터와 벽걸이
수납장을 달아서 물건을 수납
한다. 창은 가로로 길게 냈다.
주방은 식당보다 한 단 낮은
곳에 있다. 덕분에 주방 카운
터와 식탁의 높이가 같아져서
무척 깔끔해 보인다.

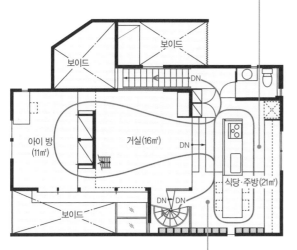

보이드

보이드

DN

아이 방
(11㎡)

거실(16㎡)

DN

식당·주방(21㎡)

DN　DN

보이드

(2F)

**손님 초대가 즐거워지는
개방성 좋은 LDK**

스킵플로어로 공간에 변화를
준 LDK. 손님 초대를 좋아하는
안주인은 트인 구조로 주방에
서 손님과 대화를 나누며 접객
을 할 수 있어 좋다고 한다.

집 전체가 파악되는 주방 공간

아이 방을 배치한 남쪽은 이웃과 마주하
고 있어서 창의 크기를 줄였다. 그 대신
높은 위치에 창을 달아서 채광에 신경을
썼다. 유일하게 트인 공간인 동남쪽에 안
뜰을 조성하고 창을 크게 냈다. 주방에
서면 집 전체가 관망된다. 아이들이 아래
층에 있어도 계단을 통해서 기척이 느껴
진다. 아이 방에서 주방, 식당으로 가는
동선이 다양해서 이동이 편리하다.

DATA
소재지 : 사이타마 현
대지 면적 : 114.57㎡ (34.66평)
연면적 : 127.47㎡ (38.56평)
구조 : 목조
규모 : 지상 2층

ARCHITECT
다카노 야쓰미쓰/
유쿠칸 설계실
Tel : 03-3301-7205 (도쿄 도)

깔끔하게 수납하고 싶다

071

두 곳의 출입구와
분산형 수납으로
공간을 만들다

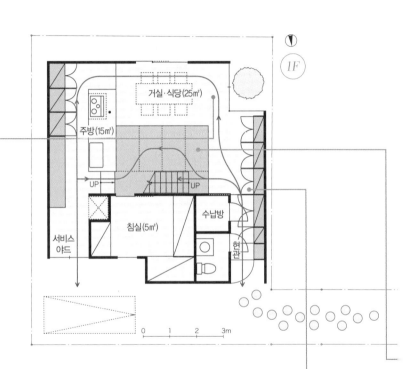

거실·식당(25㎡)

주방(15㎡)

UP   UP

수납방

침실(5㎡)

서비스
야드

현관

0 1 2 3m

**요리 중에도 대화가 가능한
개방형 주방**

아일랜드 카운터를 채용한 주방.
다다미 거실의 마루가 높아 식당
에 앉은 사람과 같은 눈높이에서
대화가 가능하다. 보이드가 있어
서 2층에 있는 사람과 대화를 나
눌 수도 있다.

현 관에서 다다미 거실을 U자형으로 둘러싼
동선을 따라가면 주방 입구다. LDK의 각
공간은 동선이 길어서 좁은 공간이지만 꽤 괜찮
은 거리감을 얻었다. 대용량 벽면 수납과 거실
마루 밑 수납을 활용한 점이 돋보인다. 2층으로
올라가는 계단 또한 이 동선상에 배치했다.

기능성 좋은 벽면 수납장

LDK의 서쪽 벽 전면을 활용
한 벽면 수납장. 현관 쪽에는
코트와 신발을 보관하고, 식
당 쪽 수납은 안주인과 시어
머니 전용 수납장으로 쓴다.
안주인의 취미인 공예 관련
도구도 여기에 수납해 수시
로 작업하기 편하다.

산속 오두막 같은 분위기의 아이 방

아이 둘이 함께 쓰는 방이다. 출입구에 문이 없고, 벽에는 가족 모두가 사용하는 맞춤형 책장이 있다. 따스한 산속 오두막 같은 분위기로 디자인했다.

(2F)

- 욕실
- 세면실
- 발코니
- 서재(4㎡)
- 보이드
- DN
- 부모님 방 (9㎡)
- 아이 방(14㎡)
- 상부 다락(6㎡)
- 드레스룸 (7㎡)

목조 수납장을 겸한 다다미 거실

안락한 거실 공간을 확보하기 위해 큰 수납장을 두는 대신, 수납장을 벽면과 마루 밑으로 분산시켰다. 다다미 거실을 위로 살짝 띄워 그 밑에 기다란 수납공간을 만들었다.

거실 위쪽 보이드를 통해 가족의 기척이 느껴지다

위아래 층을 연결하는 보이드가 집 중심에 있다. 2층의 방들은 보이드를 두르듯 배치했다. 어디서나 사람의 기척이 느껴지도록 여러 곳에 실내창을 냈다. 아이 방과 서재는 방문 없이 최소한의 공간으로 조성했다.

깔끔하게 수납하고 싶다

DATA

소재지 : 도쿄 도
대지 면적 : 122.62㎡ (37.10평)
연면적 : 114.51㎡ (34.64평)
구조 : 목조
규모 : 지상 2층

ARCHITECT

도미나가 겐/
도미나가 겐 건축설계사무소
Tel : 03-5942-5681 (도쿄 도)

072

콤팩트한 도시형 주택에
알맞은 벽면 수납

**현관과 연결된 식당은
손님 접대용 응접실**

서양식 응접실 느낌이 나는
식당 공간. 미닫이문을 열
고 닫아서 공간을 자유자재
로 활용할 수 있다.

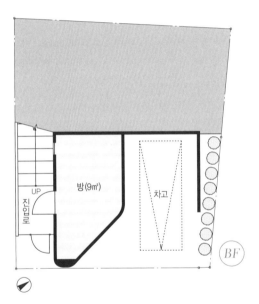

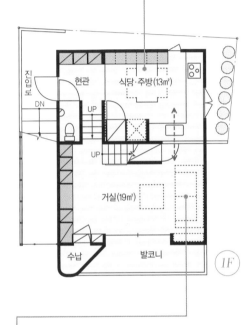

현관으로 들어가면 바로 주방과 식당으
로 연결된다. 서양식 응접실 같은 느
낌의 바닥이 독특하다. 여기서 반 층 오르면
거실이 있다. 이 두 공간은 벽에 설치한 실
내창을 사이에 두고 연결된다. 도시형 주택
답게 벽면 수납을 최대한 활용한 집이다.

**거실의 보이드가
실내를 하나로 연결하다**

스킵플로어 가운데 위치한 거실은 질감
좋은 천연석 마루에 채광이 비춰서 무
척 밝고 화사한 느낌이다. 방범을 생각
해서 창은 보이드의 중간에서 위쪽에
달았다. 창문의 수를 적당히 배치해서
안락한 느낌의 공간으로 꾸몄다.

안방은 천장 높이를 낮춰서 차분한 분위기로

천장이 낮은 건물 북동쪽에 안방을 배치했다. 덕분에 차분한 느낌의 공간이 되었다. 사진 왼쪽으로는 거실과 연결되는 보이드가 보이고, 오른쪽은 화장실과 이어진다.

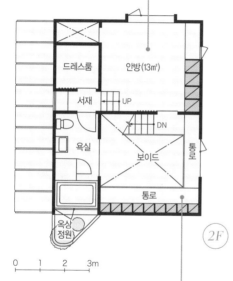

드레스룸

안방(13㎡)

서재   UP

욕실   DN

보이드   통로

통로

옥상
정원

0   1   2   3m

2F

거실 보이드로 공간을 디자인하다

거실 상부의 보이드를 두르듯 안방과 화장실, 좁은 통로를 배치했다. 실내창 반대편으로 화장실이 보인다. 짙은 갈색으로 마감한 벽면을 따라 수납장을 충분히 만들었다.

쾌적함에 신경 쓴 실내 공간

마루 단을 오르면서 사생활 중심의 공간으로 바뀌는 구조다. 거실에서 반 층 올라가면 천장이 낮아 차분한 느낌을 주는 안방이 나온다. 안방에서 다시 몇 계단 오르면 작은 서재가 나오고, 거기서 남쪽으로 채광 좋은 곳에 화장실을 배치했다. 각 공간은 마루 단 차로 부드럽게 구분된다.

깔끔하게 수납하고 싶다

DATA
소재지 : 도쿄 도
대지 면적 : 81.41㎡ (24.63평)
연면적 : 113.13㎡ (34.22평)
구조 : 철근콘크리트조 + 목조
규모 : 지하 1층 + 지상 2층

ARCHITECT
우쓰미 도모유키/
밀리그램 스튜디오
Tel : 03-5700-8155 (도쿄 도)

073

각 공간으로 수납을
분산해 말끔한 생활

손님이 머무를 때를
대비한 조용한 다다미방

다른 방과 어느 정도 거리가 있는
다다미방. 이불 수납장 상부에 에
어컨을 설치해서 격자문으로 가
렸다. 바닥은 다른 곳보다 한 층
높였다. 천장의 조명기구는 설계
자가 직접 만들어 조화롭다.

보행자 전용 도로와 안뜰이
조망되는 부모님 방

부모님의 방에서 보이는 보행자
전용 도로는 안뜰의 연장처럼 보
인다. 담은 150cm 밑으로 낮췄고,
나무와 장지문으로 외부를 차단
한다. 휠체어를 쓸 수 있도록 출
입구를 넓게 만들었다.

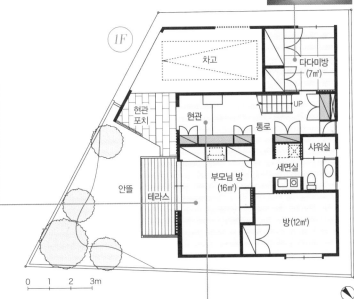

1F

차고

다다미방
(7㎡)

현관
포치

현관

통로

UP

샤워실

세면실

안뜰

테라스

부모님 방
(16㎡)

방(12㎡)

0 1 2 3m

벽면을 이용해
수납을 늘린 현관

계단실에 맞춰 넓게 조성
한 현관홀과 통로. 벽면을
따라 수납공간을 마련했
다. 현관을 열면 보이도록
정면에 화병을 놓았다.

현관과 통로를 넓게 배치해서 위아래 층의 기척
이 느껴진다. 통로에 생긴 넓은 벽면부를 수납
으로 활용했다. 그 밖에도 각 공간마다 사용하기 편하
게 수납공간을 분산시켜 설계했다. 채광이 좋고 신록
을 감상하기 좋은 곳에는 시어머니의 방을 배치하고,
휠체어를 쓸 수 있게 출입구의 넓이에 신경을 썼다.

화장실과 뒤쪽 동선으로 묶인 안방

안방은 효율적인 동선을 위해 출입구를 두 곳에 두었다. 화장실과 안방 사이에 드레스룸이 있어서 생활에 무척 편리하다.

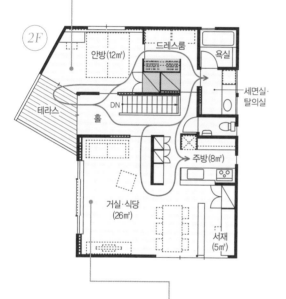

2F

안방(12㎡)

드레스룸

욕실

세면실·탈의실

테라스

DN

홀

주방(8㎡)

거실·식당 (26㎡)

서재 (5㎡)

바깥 풍경이 훤히 보이는 거실 통창

보행자 전용 도로 쪽으로 난 커다란 통창. 봄이면 창 너머로 불꽃놀이를 볼 수 있다. LDK는 L자형으로 조성했다. 거실 안쪽으로 갈수록 식당과 주방이 보이는 구조로 깊은 공간감이 느껴진다.

동선을 여러 개로 나누고 수납을 분산시키다

거실에서 보행자 전용 도로의 경치가 보인다. 홀을 중심으로 공적인 공간과 사적인 공간을 구분했다. 주방은 화장실과 가까운 곳에 배치했다. 화장실에서 드레스룸을 지나서 안방으로 들어가는 동선도 무척 효율적이다. 원룸형 LDK(Living-Dining-Kitchen의 약자로 거실과 식당, 주방이 연결된 구조)는 가구를 이용해서 공간을 나눴다.

DATA
소재지 : 도쿄 도
대지 면적 : 144.70㎡ (43.78평)
연면적 : 165.07㎡ (49.93평)
구조 : 목조
규모 : 지상 2층

ARCHITECT
안도 가즈히로, 다노 에리/
안도 아틀리에
Tel : 048-463-9132 (사이타마 현)

깔끔하게 수납하고 싶다

074

동선에 따라 설계한 아이디어 수납공간

아트월 뒤에 수납 선반을 마련해 거실을 깨끗하게

거실과 식당 사이는 계단으로 공간을 나눴다. 두 공간 모두 차분한 분위기다. 무늬 벽지를 붙인 아트월 뒷면에 선반을 설치해 잡다한 물건을 수납한다.

주방 통로에 조성한 팬트리

세련되게 꾸민 주방은 현관에서 식료품 창고인 팬트리를 지나면 바로 나온다. 팬트리는 빌트인 타입으로 다른 수납 문과 같은 자재를 써서 일체감 있게 디자인했다.

서재(7㎡)

식당(7㎡)

주방(7㎡)

거실
(20㎡)

UP

현관(7㎡)

안뜰

차고
(17㎡)

UP

1F

0 1 2 3m

대지의 가장 귀퉁이에 안뜰을 두고, 담으로 둘러싸서 사생활을 보호했다. 현관홀에서 거실, 차고에서 안뜰, 팬트리를 지나 주방을 연결하는 등 동선을 다양화해서 이동의 편의성을 높였다. 아트월을 이용한 수납과 주방을 깔끔하게 유지할 수 있는 넓은 팬트리 등 수납 아이디어가 돋보이는 집이다.

제2의 거실 같은 안뜰

격자로 외부 시선을 차단한 안뜰. 안뜰의 절반은 수목으로 채웠고, 거실 쪽 절반은 흰 타일을 깔아서 테이블을 놓았다. 2층 테라스와 바깥 계단으로 연결된다.

중정과 같은 테라스와 이어진 안방

호텔 느낌으로 모던하게 꾸민 안방. 테라스와 이어져 있어 아침 해가 방 안 가득 들어온다. 테라스에서 세탁물을 말려서 방으로 가지고 들어와 수납하는 데 동선이 짧아서 편하다.

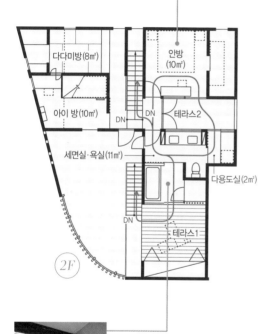

다다미방(8㎡)

안방 (10㎡)

아이 방(10㎡)

테라스2

DN

DN

세면실·욕실(11㎡)

다용도실(2㎡)

DN

테라스1

2F

호텔 분위기의 개방성 높은 욕실

욕실도 호텔 분위기로 고급스럽게 꾸 몄다. 바깥으로 크게 터놓아서 실외 욕실 같은 분위기다. 칸막이벽이 없어 서 청소하기 쉽고 이동도 편하다.

효율적인 가사 동선으로 세탁이 편리하다

2층은 개인 공간 중심으로 꾸몄 다. 안방 안쪽까지 아침 해가 들 어오도록 테라스2를 배치했다. 테라스2는 세탁물을 건조하거나 다리미질을 하는 등 다용도 공간 으로 쓰고 있다. 화장실은 테라 스1 쪽으로 개방해 신선한 공기 가 드나들도록 했다.

깔끔하게 수납하고 싶다

DATA

소재지 : 사이타마 현
대지 면적 : 159.72㎡ (48.32평)
연면적 : 137.36㎡ (41.55평)
구조 : 목조
규모 : 지상 2층

ARCHITECT

나요코보리 겐이치, 고마타 도모코/
요코보리 건축설계사무소
Tel : 03-5774-1347 (도쿄 도)

075

넓은 수납방과 팬트리 설계로 깔끔한 생활공간

코너의 자투리 공간도 수납으로 활용

이 집의 수납 계획은 네모진 공간 안에 수납방과 팬트리 등을 배치해서 생활공간을 넓게 쓰는 것이다. 코너 벽과 소파 아래까지 활용해서 수납공간을 마련했고, 덕분에 무척 깔끔한 거실이 되었다.

팬트리를 비롯해 넉넉한 주방 수납

주방의 식료품과 각종 조리 도구도 보관할 수 있는 넉넉한 팬트리가 유용하다. 주방 수납장 문은 인테리어적인 면도 고려해 한 장의 패널처럼 디자인했다.

팬트리

UP

거실1
(약 17㎡)

욕실

주방
(약 7㎡)

수납방

현관

손님방
(약 10㎡)

테라스

안뜰

1F

1 층에는 거실, 주방, 욕실, 손님방을 배치했다. 손님이 오면 거실과 테라스를 이어서 쓸 수 있게 설계했다. 거실을 넓게 쓰기 위해서 주방과 수납방 등은 집의 코너 면에 집중시켰다.

적재적소에 수납으로 깨끗한 거실

주방에서 바라본 1층 거실의 모습. 거실 보이드는 2층과 연결된다. 적재적소에 수납공간이 있어서 '쓴 뒤에는 바로 넣는다'는 원칙을 지키기 쉽다.

칸막이벽 없이도 차분한 느낌의 서재

2층 중앙 통로에는 서재와 피아노실, 화장실이 있다. 통로에 서재를 꾸몄는데도 차분한 분위기다.

아이 방1
(약 7㎡)

아이 방2
(약 7㎡)

거실2
(약 11㎡)

서재 코너

피아노실

보이드

DN

수납방

안방(약 9㎡)

2F

위아래 층을 하나로 잇는 보이드

주방과 1층 거실은 보이드를 통해 아이 방과 이어진다. 덕분에 1층에 있어도 아이들의 인기척이 들린다.

공간 배치 포인트

방에서도 가족의 기척을 느낄 수 있게 공간 배치

2층은 가족들의 개인 공간이다. 2개의 아이 방과 안방, 수납방을 배치했다. 그 밖에도 통로 부분을 서재와 피아노실로 꾸미며서 공간을 효율적으로 활용했다. 서재와 피아노실은 다른 공간과 통하는 길목에 있어서 언제든 편하게 이용할 수 있다. 거실2는 보이드를 통해 1층 LDK와 위아래로 통한다.

DATA

소재지 : 도쿄 도
대지 면적 : 153.80㎡ (46.52평)
연면적 : 117.27㎡ (35.47평)
구조 : 목조
규모 : 지상 2층

ARCHITECT

요코타 노리오, 가와무라 노리코/
CASE DESIGN STUDIO
Tel : 03-5366-6406 (도쿄 도)

깔끔하게 수납하고 싶다

076

박스형 수납장으로
거실과 식당을
부드럽게 나누다

1F

방 (약 12㎡)

세면실

욕실

안뜰

UP

홀

다다미방
(약 10㎡)

오토바이
주차장

현관

진입로

손님맞이에 최적인 다목적 홀

1층 중앙에 위치한 홀. 신발을 신은
채로 차를 마시며 담소를 나눌 수
있는 다목적 공간이다. 수납과 작업
책상을 놓아서 카메라맨인 집주인과
집주인 부친의 작업장으로도 쓴다.

**이용이 편리한
오토바이 주차장**

현관 정면에 빌트인시킨 오토바
이 주차장. 현관과 단차가 없어
서 주차가 편하다. 이곳은 다목
적 홀과도 바로 연결된다. 미닫
이문의 격자에는 유리가 끼워져
있어서 실내로 기름 냄새가 들
어오는 것을 차단한다.

2층에는 LDK, 아이 방, 수납방이 있다. 계단을 오르
면 커다란 상자 같은 공간에 주방과 수납방을 배치
했다. 기능 위주의 공간을 중앙에 배치해서 원룸형 LDK
를 자연스럽게 나눴다. 동서로 창을 크게 냈지만 외부 시
선에 신경 쓸 필요는 없다. 아이 방과 수납방을 원룸형
LDK에 부속된 형태로 만들어 LDK의 공간을 확보했다.

주방과 식당을 나누는 박스형 수납장

2층 중앙에는 주방이 있다. 기능성 좋은 공간을 중앙에 배치했는데, 동쪽과 서쪽 공간을 구분하는 역할도 한다. 블랙의 수납장 미닫이문을 열면 냉장고가 나온다.

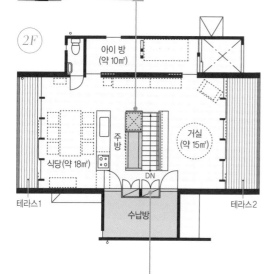

2F

아이 방 (약 10㎡)

주방

거실 (약 15㎡)

식당(약 18㎡)

DN

테라스1

테라스2

수납방

바깥으로 수납공간을 돌출시켜 LDK를 넓게 쓰다

지붕 바깥으로 내단 공간에 수납방을 만들어 각종 물건을 수납한다. 공간의 깊이도 충분하다. CD나 DVD 같은 소품은 전면 수납대에 보관한다. 일상 생활공간에 잡다한 물건이 나와 있지 않아서 실내가 깔끔하다.

공간 배치 포인트

다목적으로 이용하는 홀과 다다미방

1층의 중심에는 약 13㎡ 넓이의 홀이 있다. 현관에서 단차 없이 이어지는 공간이다. 이곳에는 집주인의 친구뿐 아니라 아이들의 친구들도 자주 모인다. 홀 한가운데 둔 신발장의 높이를 다다미방과 맞췄다. 다다미방은 집주인 부부의 침실로, 낮에는 홀과 함께 다목적실로 쓴다. 공간을 다용도로 쓸 수 있도록 설계에 신경을 썼다.

DATA
소재지 : 사이타마 현
대지 면적 : 210.00㎡ (63.53평)
연면적 : 127.23㎡ (38.49평)
구조 : 목조
규모 : 지상 2층

ARCHITECT
가시와기 마나부, 가시와기 호나미/
가시와기스이 어소시에이션
Tel : 042-489-1363 (도쿄 도)

깔끔하게 수납하고 싶다

077

운율 있는 장식장의
배치가 아름다운 집

개방감 좋은 원룸형 LDK
거실에서 본 식당과 주방. 주방에 서면 모든 공간이 한눈에 들어온다. 거실은 좌식으로 꾸미며 공간을 넓게 쓰고 있다.

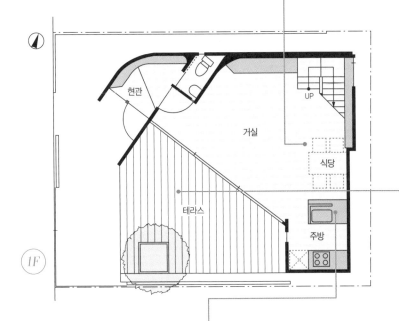

현관

UP

거실

식당

테라스

주방

1F

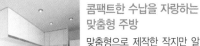

콤팩트한 수납을 자랑하는 맞춤형 주방
맞춤형으로 제작한 작지만 알찬 주방. 레인지와 냉장고는 안쪽에 설치했고, 식당 쪽의 아일랜드 싱크대에는 크기에 따른 수납 선반이 있다. 조미료를 보관하는 오픈 선반도 무척 편리하다.

수 납은 보통 일률적이고 밋밋한 공간이 되기 쉽다. 그러나 이 집의 수납장은 설계 때부터 높이를 달리해 장식장으로 삼았다. 수납 장식장을 설치한 곳은 계단의 보이드와 안방이다. 특히 안방은 대각선 공간에 곡선형 장식장을 설치해 멋스럽고, 수집품이나 음악 CD, 책을 보관하는 재미가 좋다.

**여름의 직사광선을 피하는
차양이 있는 테라스**

거실과 테라스의 경계는 대지의
대각선 부분에 해당한다. 거실
미닫이문을 열어 놓으면 두 공
간이 하나로 연결된다. 남서쪽에
간격을 두고 설치된 차양은 여
름의 직사광선을 막아 준다.

대지를 대각선으로 분할해서
거실과 테라스를 하나로 만들다

사각형 대지를 대각선으로 나눠서 절반
에는 건물을 세우고, 나머지 절반은 안
뜰로 조성했다. 거실의 공간을 넓게 확보
했고, 전면창을 크게 내 테라스와 연결했
다. 도로 쪽에서 들어오는 시선을 차단하
기 위해 서쪽과 남쪽에는 담을 둘렀는데,
담의 3분의 1은 미닫이식이라 열어 놓을
수도 있다.

깔끔하게 수납하고 싶다

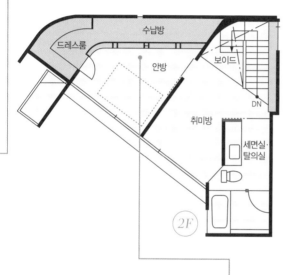

수납방

드레스룸

안방

보이드

DN

취미방

세면실·
탈의실

2F

DATA

소재지 : 도쿄 도
대지 면적 : 107.30㎡ (32.46평)
연면적 : 83.63㎡ (25.30평)
구조 : 철골조
규모 : 지상 2층

ARCHITECT

하야쿠사 마쓰에/
셀 스페이스
Tel : 03-5748-1011 (도쿄 도)

안방과 수납방 사이에 장식장을 두다

안방에도 격자로 된 선반을 설치했다. 물건
을 전시하고 보는 즐거움이 있도록 선반의
디자인에 신경을 썼다. 안방에서 연결되는
드레스룸과 수납방을 하나의 공간으로 길
게 설계해 수납이 편리하다.

078

벽면 수납장을
공중에 띄운 슬릿하우스

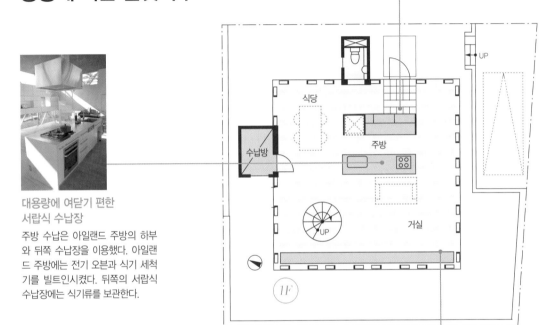

식당

수납방

주방

거실

UP

1F

**대용량에 여닫기 편한
서랍식 수납장**

주방 수납은 아일랜드 주방의 하부
와 뒤쪽 수납장을 이용했다. 아일랜
드 주방에는 전기 오븐과 식기 세척
기를 빌트인시켰다. 뒤쪽의 서랍식
수납장에는 식기류를 보관한다.

거 실을 넓게 쓰기 위해 충분한 양의 수납공간을
마련해야 했다. 좁고 긴 모양의 슬릿창이 있는
벽면에 수납공간을 마련하기는 쉽지 않지만, 남쪽 벽
면을 수납장으로 만들었다. 그 밖에도 주방, 현관, 2층
의 각 공간에 수납을 분산했다. 식당 옆에는 밖으로 돌
출시킨 2층 높이의 수납방을 배치했다. 적재적소에 수
납을 해서 쾌적한 생활공간이 되었다.

**자주 쓰는 작은 물건들은
벽면에 수납**

거실 수납으로 벽면을 이용
했다. TV나 냉온방기 등의
생활 가전도 깔끔하게 수납
했다. 수납장의 문 크기를 다
양하게 만들어서 인테리어
면으로도 손색이 없다.

**박스형 수납장 겸
현관 칸막이벽**

현관에 있는 커다란 사각 상
자는 신발장이다. 수납장이
자 현관과 실내를 가르는 칸
막이벽으로 쓴다.

설비실

테라스

침실

수납방

다다미방

DN

작업실

아이 방

테라스

2F

**자투리 공간을 활용한
작업실과 L자형 코너 수납**

L자형 선반과 책상을 연결해서
계단실에 조성한 작업실. 가족
모두가 애용하는 공간이다.

실외를 실내처럼
끌어들여 넓어 보이는 공간

1층은 원룸형 LDK다. 이 공간을 넓게 쓰
기 위해 천장 높이를 3.3m로 맞췄다. 실
내 한가운데는 아일랜드 주방을 배치했
다. 바깥 풍경을 즐기기 위해 건물 사방
에 창을 내서 개방성이 무척 좋다. 건물
아랫부분의 슬릿창은 바깥 공간을 안쪽
과 융합시키기 위한 것으로, 실내가 더
넓어 보이는 효과가 있다.

DATA

소재지 : 지바 현
대지 면적 : 154.71㎡ (46.80평)
연면적 : 118.93㎡ (35.98평)
구조 : 철골조＋목조
규모 : 지상 2층

ARCHITECT

고마다 다케시, 고마다 유카/
고마다 건축설계사무소
Tel : 03-5679-1045 (도쿄 도)

깔끔하게 수납하고 싶다

079

대지의 특성을 활용해 수납을 해결한 스킵플로어 주택

벽면은 맞춤형 수납장으로 설계

침실과 침실 사이는 맞춤형 으로 짜 넣은 책장이 공간을 나누고 있다. 수납의 깊이를 달리했으며, 현재는 모든 면 에 책을 수납하고 있다.

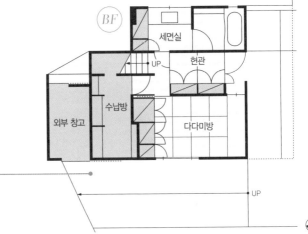

테라스 아래는 자전거 주차장으로 이용

테라스 아래를 자전거 주차 장과 창고로 쓰고 있다. 출입 구에는 철물로 된 격자형 미 닫이문을 설치했다. 도난 방 지를 위해서 자물쇠를 걸 수 도 있다.

가사와 관련된 수납을 효율적으로 배치한 구조 다. 특히 주방 주변에는 수납공간을 많이 마련 했다. 그릇장은 셔터식 수납 선반을 설치해 정리 후 셔터를 내리면 안쪽 수납장이 보이지 않는다. 거실과 식당에서도 시선에 거슬리지 않도록 배치에 신경을 썼다. 각 방은 용도에 맞는 수납공간을 마련했다.

편의성과 인테리어성을 겸비한 수납장

주방의 벽은 모두 수납으로 활용했다. 상부는 안주인의 부탁으로 독일산 시스템키친 브랜드인 포겐폴의 셔터식 수납장을 설치했다. 서랍식 수납도 대용량이다.

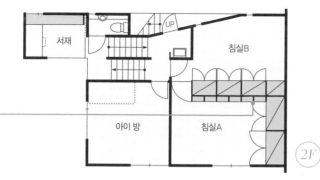

서재

침실B

아이 방

침실A

UP

2F

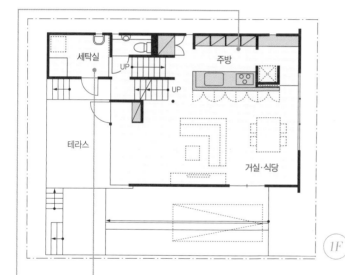

세탁실

주방

UP

UP

테라스

거실·식당

1F

공간 배치 포인트
LDK를 넓게 쓰기 위해 지하층에 수납공간을 만들다

이 집은 대지의 고저차를 이용한 스킵플로어 구조다. 지하 1층에는 화장실과 다다미방, 대지의 고저차를 이용해 만든 수납방이 있다. 이곳에는 일상생활에서 자주 쓰지 않는 물건을 수납한다. 스킵플로어의 계단을 오르면 밝게 트인 LDK가 나타난다. 거실은 바깥 테라스와 이어져 더욱 여유롭다.

DATA
소재지 : 도쿄 도
대지 면적 : 130.00㎡ (39.33평)
연면적 : 119.49㎡ (36.15평)
구조 : 철근콘크리트조 + 목조 + 철골조
규모 : 지하 1층 + 지상 2층

ARCHITECT
우쓰미 도모유키/
밀리그램 스튜디오
Tel : 03-5700-8155 (도쿄 도)

가사 동선을 줄인 여유 있는 세탁실
다리미질을 할 수 있도록 세탁실에 선반과 테이블을 놓았다. 또 건조봉 2개를 천장 가까이 달아서 쪽창을 열면 실내 건조도 할 수 있다.

080

와이드 벽면 수납장은 인테리어 포인트

4인 가족의 신발을 충분히 수납할 수 있는 신발장

선반으로 촘촘히 나뉘어 있는 신발장. 식구들의 신발을 모두 수납하고도 남는 충분한 공간 덕에 현관이 항상 깔끔하다.

아이 방1

현관

수납방

안방

아이 방2

UP

1F

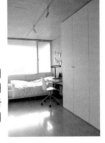

아이 방에는 대형 붙박이장을 설치

1층 남쪽에 있는 아이 방의 창에는 반투명 유리를 채용해 바깥 시선을 차단했다. 커다란 붙박이장을 각 방에 설치해서 수납 문제를 해결했다.

거실의 천장 높이까지 벽면 수납장을 만들었다. 주방과 세면실도 수납장을 일체화시켰다. 덕분에 거실에 큰 면적을 할애할 수 있었다. 1층에는 5㎡ 정도 크기의 수납방을 따로 마련해서 큰 물건을 수납한다. 평소에 자주 쓰는 물건은 거실에 수납한다.

와이드 벽면 수납장이
곧 거실 인테리어

거실 벽면 수납장의 길이는 총 11m다. 평소에 자주 쓰는 물건들을 이곳에 보관한다. 수납을 한쪽으로 몰아서 LDK를 일직선상에 연결했다. 천장의 일부가 트여 있는 이유는 공간을 넓게 보이도록 하기 위한 장치다. 거실 조명은 모두 천장에 매립했다.

공간 배치 포인트
프라이빗한 공간은
편안한 분위기로 조성

1층에는 주로 방을 배치했다. 2층은 계단실을 경계로 거실과 식당이 좌우로 나눠진다. 천장 높이를 안방 2.15m, 아이 방 2.25m로 낮게 만들었다. 안락함이 중요한 공간인 만큼 천장이 낮아도 답답하지 않다. 남쪽 이외는 모두 이웃집과 가깝기 때문에 안방과 아이 방의 창으로 모두 반투명 유리를 사용했다.

깔끔하게 수납하고 싶다

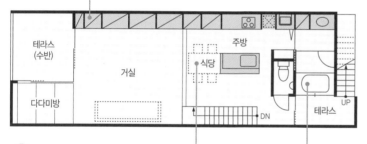

테라스
(수반)

거실

주방

식당

다다미방

UP

테라스

DN

2F

DATA

소재지 : 지바 현
대지 면적 : 145.16㎡ (43.91평)
연면적 : 103.16㎡ (31.21평)
구조 : 철근콘크리트조
규모 : 지상 2층

ARCHITECT
후세 시게루/
fuse-atelier
Tel : 043-296-1828 (지바 현)

작은 틈도 최대한 활용

유리나 컵 등은 아일랜드 주방 전면에 만든 수납장에 보관한다. 주방 주변의 벽의 틈도 최대한 활용해서 수납장으로 꾸몄다.

테라스 옆이라 북향임에도
밝은 욕실

욕실은 벽면 수납의 연장선상에 있다. 북향이지만 테라스와 가까워서 무척 밝고 쾌적하다.

081

컬러풀한 대형 수납장이
부드럽게 공간을 나누다

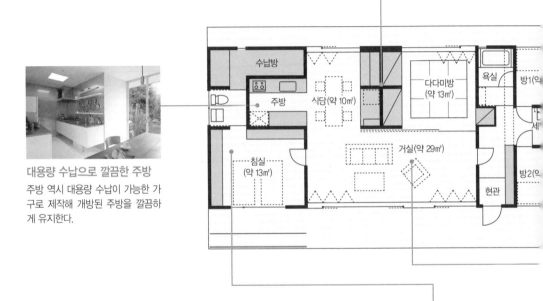

수납방

주방

식당(약 10㎡)

다다미방
(약 13㎡)

욕실

방1(약

거실(약 29㎡)

세

침실
(약 13㎡)

현관

방2(약

대용량 수납으로 깔끔한 주방
주방 역시 대용량 수납이 가능한 가
구로 제작해 개방된 주방을 깔끔하
게 유지한다.

넣고 빼는 게 간편한 벽 수납장
침실의 벽 수납장에는 행거를 설치
해 간편한 수납이 가능하다. 문 대신
커튼을 창문까지 연결시켰다.

식당 쪽에 있는 녹색의 대형 수납장은 용도에 맞
게 심플한 구조로 제작했다. 이 수납장이 원룸
공간을 나누는 칸막이벽 역할도 한다. 수납에 플러스
알파의 요소를 더해서 공간을 풍부하게 꾸미려 했다.
침실에 행거를 설치하고, 침실 안쪽에는 수납방을 배
치하는 등 쓰임새를 고려해 공간을 꾸몄다.

대형 수납장을 중앙에 배치해 편리한 생활

1 LDK 중앙에 배치한 수납장. 원룸 공간을 단조롭지 않게 해준다. 물건을 넣고 꺼낼 때 무척 편하다.
2 식당 쪽 수납장은 식료품 보관이나 가전 수납장으로 활용한다.
3 다다미방에 있는 수납장은 손님용 이불 등을 수납하는 용도로 쓴다.

화장실로 방을 나누다

화장실을 중앙에 배치해 하나의 공간을 둘로 나눴다. 벽을 따라 수납용 선반을 설치하고 하늘거리는 커튼을 내려서 인테리어 요소로 삼았다.

화이트로 밝게 꾸민 LDK

남쪽에 대형 창을 설치한 LDK. 툇마루가 연상되는 테라스에 깊은 처마를 둘러 채광을 조절한다. 화이트를 기조로 해서 모던한 LDK에 녹색의 수납장이 단순한 공간에 포인트가 되어 준다.

DATA
소재지 : 지바 현
대지 면적 : 449.92㎡ (136.10평)
연면적 : 162.30㎡ (49.10평)
구조 : 목조 + 철골조
규모 : 지상 1층

ARCHITECT
고이즈미 가즈히코, 지바 마유코/
Smart Running 1급 건축사사무소
Tel : 043-375-1024 (지바 현)

082

생활은 즐겁게
수납은 똑똑하게

늘 사용하는 공간에도
수납의 힌트가

LDK의 포인트 공간인 수납 선
반. 아래쪽에는 TV장을 겸하는
수납장을 놓았다. '보여주고',
'감추는' 수납이 공존한다.

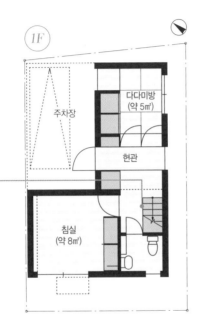

1F

주차장

다다미방
(약 5㎡)

현관

침실
(약 8㎡)

2F

거실·식당(약 26㎡)

주방

서비스 발코니

무엇이든 수납할 수 있는
데드 스페이스 수납

넓지 않은 집에서는 데드 스페이스
를 수납에 활용하는 것도 좋은 방
법이다. 계단실 아래쪽 공간을 활
용해 청소 도구를 수납하고 있다.

여유 있는 LDK를 원했던 집주인 부부. 이 집에서 유난히
눈에 띄는 것이 오픈형 수납 선반이다. 장식장이자 심플
한 공간의 포인트이기도 하다. 오픈형 수납 선반을 돋보이게 하
기 위해 잡다한 생활용품은 보이지 않는 곳에 수납했다. 거실과
일체형 주방 사이를 부드럽게 구분 짓는 대용량 수납장을 설치
했고, 계단 아래 데드 스페이스에도 수납공간을 만들었다.

기능성과 동선을
고려한 주방 수납장

거실과 주방을 나누는 수
납장은 주방 가전을 수납
할 수 있을 정도로 용량
이 크다. 회유하는 동선도
무척 부드럽다.

깨끗한 느낌의 LDK

편안한 색조로 꾸민 LDK. 대형 수납장으로 일체형 주방과의 사이를 분리했다.

세면실과 가까운 드레스룸

서재와 드레스룸은 스킵플로어로 이어진다. 드레스룸은 세면실이 가까워서 3층에서도 외출 준비를 하기에 좋다.

3F

RF

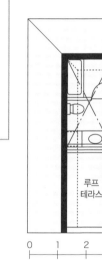

욕실

세면실
드레스룸

서재

루프
테라스

0 1 2 3m

심플하게 꾸민 오픈형 서재

3층으로 오르면 집주인의 서재와 만난다. 오픈된 공간으로 보이드를 통해 2층의 LDK와 연결되어 실면적보다 넓게 느껴진다.

DATA
소재지 : 도쿄 도
대지 면적 : 66.11㎡ (20.00평)
연면적 : 115.32㎡ (34.88평)
구조 : 철골조
규모 : 지상 3층

ARCHITECT
다카야스 시게카즈/
아키텍처 라포
Tel : 03-3845-7320 (도쿄 도)

깔끔하게 수납하고 싶다

083

마루 수납과
보조 주방을 활용한
수납 아이디어

보조 주방 덕분에 깔끔해진 주방
사진의 화이트 벽 뒤로 보조 주방이
있다. 크고 작은 주방가전을 보조 주
방으로 옮겨서 주방을 깔끔하게 사용
한다.

식탁 겸용 주방 카운터
주방과 식당에 있는 4m짜리 스테인리스
카운터는 식탁을 겸하고 있다. 심플한 디
자인이 무척 경쾌한 느낌을 준다.

침실

보조 주방

다용도실

식당·주방(약 16㎡)

마루 밑
수납방

예비실

테라스

자전거
주차장

1F

0 1 2 3m

집 주인은 널찍하면서도 생활감 넘치는 공간을 원했다.
먼저 거실의 단차를 이용해서 커다란 마루 수납방을
만들었다. 또 주방 뒤편에 보조 주방을 조성해서 잡다한
주방용품은 이곳에 두었다. 주방가전도 보조 주방으로 빠
져서 나머지 공간이 깔끔해졌다.

**커다란 마루 밑 수납방에
생활용품을 모두 수납한다**
주방과 단차를 두고 설계한 거
실. 거실의 마루 밑에 수납방을
만들어서 청소 용구를 비롯한
생활 도구를 모두 수납한다.

**계단실을 끼고 2개의
아이 방이 마주 보다**

보이드가 있는 계단실을 끼
고 아이 방이 서로 마주보고
있다. 옆으로 긴 슬릿창과 통
창이 있어서 채광과 통풍이
좋다.

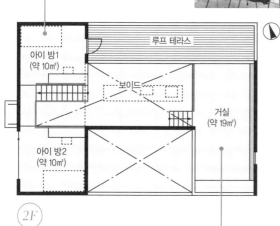

아이 방1
(약 10㎡)

루프 테라스

보이드

거실
(약 19㎡)

아이 방2
(약 10㎡)

2F

영화와 음악을 즐길 수 있는 거실
집주인의 취미인 DVD와 음악 감상에 최적화
된 거실. 경쾌한 색조의 디자인 가구를 배치해
서 현대적인 느낌으로 꾸몄다.

DATA
소재지 : 도쿄 도
대지 면적 : 198.27㎡ (59.98평)
연면적 : 122.62㎡ (37.09평)
구조 : 목조
규모 : 지상 2층

ARCHITECT
쇼지 다케시/
쇼지 건축설계실
Tel : 03-6715-2455 (도쿄 도)

7장

주방을 중심에 두고
생활하고 싶다

주방이 집의 중심 공간이 되는 집이 늘고 있다. 가족과의 대화도 주방에서 이루어진다. 오래 머무르는 공간인 만큼 조망이나 수납에 신경을 써서 깔끔하게 꾸미고 싶은 것은 당연하다. 이 장에서는 이상적인 주방을 만든 공간 배치의 아이디어를 알아본다.

주방을 중심에 두고 생활하고 싶다

084

바깥 경치를 즐기는 개방형 주방

보행자 전용 도로를 따라 배치한 LDK

바깥 경치를 구경할 수 있는 LDK. 데크를 따라가면 다용도실이 나온다.

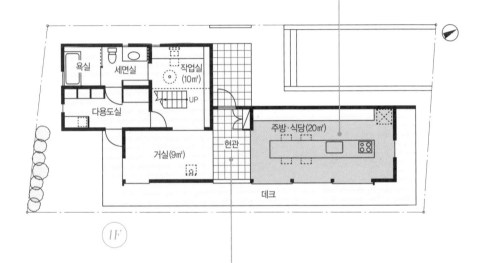

욕실

세면실

작업실 (10㎡)

다용도실

UP

거실(9㎡)

현관

주방·식당(20㎡)

데크

1F

단차와 벽 칸막이를 이용해 공간마다 다른 느낌으로 조성

안락한 거실과 외부로 열려 있는 주방 사이에 현관홀이 있어서 두 공간이 자연스럽게 나눠진다. 검은 벽 안쪽은 조각이 취미인 안주인의 작업실이다. 보이드 상부는 침실과 이어진다.

단층집과 상자형으로 된 2층 집을 합쳐서 하나의 건물로 만들었다. 신록 짙은 주변 환경과의 조화도 고려했다. 개방성 좋은 주방과 차분한 느낌의 서재, 루프 테라스 등을 설치해 공간마다 다른 분위기로 조성했다. 공간과 공간 사이의 연결성을 고려하고, 시야를 차단하지 않는 동선을 구성해서 답답한 느낌이 전혀 없는 집으로 만들었다.

미끄럼 봉을 설치해서
장난스러운 느낌을 살린 서재

2층에는 서재를 배치했다. 좁아야 집중이 잘 된다는 집주인을 위해 넓이 4㎡에, 천장 높이 1.8m의 콤팩트한 공간으로 만들었다. 마루에는 둥근 구멍이 뚫려 있어서 미끄럼 봉을 타면 1층으로 내려갈 수 있다.

심플하고 아름다운
개방형 주방

주방에는 옆으로 긴 수납장을 설치했다. 예쁘게 장식된 벽면 선반이 카페에 온 듯 기분 좋은 느낌을 준다. 가스레인지 바로 옆에 냄비용 수납장을 만드는 등 수납을 효율적으로 해결했다. 자주 쓰지 않는 생선 그릴은 생략했다.

주방을 중심에 두고 생활하고 싶다

드레스룸

서재(4㎡)

침실(11㎡)

DN

루프 테라스

(2F)

상자 속의 작은 상자

2층으로 올라가면 침실이 나오고, 옆으로 루프 테라스가 있다. 프라이빗한 공간이 있는 2층에는 마치 공중에 떠 있는 듯한 하나의 작은 상자가 있다. 이 상자 안에 드레스룸과 집주인의 서재가 있다.

DATA

소재지 : 지바 현
대지 면적 : 144.24㎡ (43.63평)
연면적 : 79.83㎡ (24.15평)
구조 : 목조
규모 : 지상 2층

ARCHITECT

쇼지 다케시/
쇼지 건축설계실
Tel : 03-6715-2455 (도쿄 도)

085

5인 가족이 시끌벅적한 다실 느낌의 주방

서재

주방

거실
(17㎡)

식당(25㎡)

장작 스토브

DN 현관홀

UP

안방
(13㎡)

창고

붙박이장

중정 데크

1F

제2의 거실 역할을 하는 주방과 식당

주방과 식당은 가족이 함께 웃고 떠드는 제2의 거실 같은 곳이다. 주방에 있으면 거실과 그 위의 보이드, 서재가 모두 보인다. 사진의 왼쪽이 현관홀이다.

수납방

주방 물품 수납

취미실
(13㎡)

UP

BF

이 집은 거실과 독서 코너, 서재와 취미실 등 분위기가 다른 공간이 한데 모여 있다. 5인 가족이 각자 좋아하는 공간에 따로따로 있어도 서로의 기척이 느껴진다. 단차를 통한 완만한 공간 구획, 보이드의 배치, 미닫이문의 채용, 모든 공간에서 바깥이 보이도록 한 공간 설계 등을 통해 개방성 좋은 집으로 만들었다.

식당의 기척이 느껴지는 반지하 취미실

거실 바로 아래층에 있는 취미실은 1층에 TV를 두지 않은 집주인의 홈시어터실이기도 하다. 거실과 식당을 오가는 가족들의 기척이 들려서 고립감이 없다. 상부에 창을 내 답답함도 덜었다.

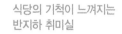

**보이드 쪽의 실내창이
1층과 아이 방을 연결**

장작 스토브를 둘러싸듯 조성한 독서 코너
를 만들었다. 쌀쌀한 계절에는 자연스럽게
모두 이곳으로 모인다. 맞춤 제작한 벤치
의 아랫부분은 수납으로 만들었다. 2층 아
이 방에 낸 3개의 실내창은 거실 보이드와
통한다. 아이 방에서도 북쪽 풍경이 보이게
한 설계다.

공간 배치 포인트
**부부가 편리하게 사용하는
조리대의 높이**

집주인과 안주인의 신장 차이는 20cm
다. 두 사람이 모두 사용하기 편한 조리
대의 높이를 생각한 결과, 조리대의 높이
를 80cm로 정했다. 낮다고 생각할지도
모르겠지만, 커다란 냄비를 사용해 요리
하기를 즐기는 집주인에게는 오히려 편
하다. 아일랜드 카운터의 높이는 84cm
로 맞춰서 편의성을 높였다.

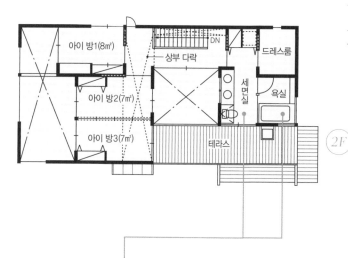

아이 방1(8㎡)   DN   드레스룸
상부 다락
아이 방2(7㎡)   세면실   욕실
아이 방3(7㎡)   테라스   2F

DATA
소재지 : 지바 현
대지 면적 : 165.00㎡ (49.91평)
연면적 : 139.53㎡ (42.21평)
구조 : 목조＋철근콘크리트조
규모 : 지하 1층＋지상 2층

ARCHITECT
나가하마 노부유키/
나가하마 노부유키 건축설계사무소
Tel : 03-3205-1508 (도쿄 도)

**5인 가족이 쓰기에 부족함 없는
밝게 트인 욕실**

테라스와 연결시켜서 탁 트인 느낌으로 만든
욕실. 사용의 편의성에도 신경을 썼다. 세면
실 옆에 있는 커다란 수납장에 가족들의 옷을
수납해서 효율적이다. 변기 위에는 다리미질
을 할 수 있는 접이식 작업대를 설치했다.

주방을 중심에 두고 생활하고 싶다

086

시야가 트인 주방 덕에 넓어 보이는 LDK

하나로 이어진 주방과 거실
주방에서 거실 쪽을 바라본 풍경이다. 한 공간이지만 중정이 사이에 있어서 어느 정도 여유가 생겼다. 조리대와 식탁을 하나로 연결해서 요리를 내기 편하게 만들었다.

식사도 하고 독서도 하는 '즐기는 주방'
아이들이 식사를 하거나 책을 읽으면서 음악을 들을 수 있도록, 주방 천장에 소형 스피커 2개를 매립했다.

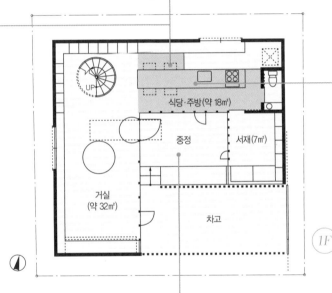

식당·주방(약 18㎡)

중정

서재(7㎡)

거실
(약 32㎡)

차고

1F

정 형지인 대지 주변은 현재 공터지만, 주변 환경 변화에 대비하기 위해서 1층 남쪽에 차고를 설치했고, 거주 공간은 옆 터와 거리를 두고 배치했다. 1층은 차고와 거실로 중정을 감싸듯 ㅁ자 형태로 설계했고, 2층은 거실이 없는 L자 형태로 설계했다. 남쪽에 창을 내서 1층의 각 방에도 빛이 잘 들며, 사이에 있는 중정 덕분에 공간이 넓어 보인다.

가족을 돈독하게 만드는 중정
중정 입구를 닫으면 담에 둘러싸인 공간이 된다. 뜰에서는 모든 방이 연결되어서 안주인이 주방에 있고 아이들이 2층에 있어도 서로의 기척이 느껴진다.

작업대 아래는
이동식 선반으로

작업대 아래에는 습기가 차기 쉬우므로 바퀴가 달린 왜건식 선반에 수납한다.

주방 용품을 정리해서
더 넓은 공간으로

이 집의 원룸형 LDK가 넓어 보이는 이유 중 하나는 주방 용품이 들쑥날쑥 보이지 않기 때문이다. 쿡탑으로 IH 쿠킹히터를 도입해서 표면이 편평해졌다. 환기구는 천장에 매립했다. IH 쿠킹히터를 쓰면 수증기와 냄새 제거를 잘해야 해서 작지만 성능 좋은 환기구를 채용했다.

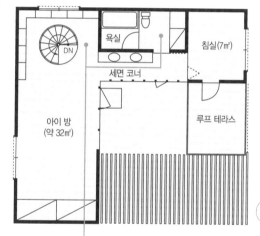

2F

1층과는 다른 분위기의 2층

2층은 개인 공간 중심이다. 지금은 하나의 공간으로 쓰고 있는 아이 방은 용도에 따라 둘로 나눌 계획이다. 가운데 있는 상자 모양의 공간은 화장실이다. 세면대는 화장실 바깥쪽에 설치했다. 세면대를 2개 설치해 편의성을 높였다.

DATA

소재지 : 지바 현
대지 면적 : 132.18㎡ (39.98평)
연면적 : 112.26㎡ (33.96평)
구조 : 목조
규모 : 지상 2층

ARCHITECT

다카야스 시게카즈/
아키텍처 라포
Tel : 03-3845-7320 (도쿄 도)

주방을 중심에 두고 생활하고 싶다

087

전망 좋은 곳에 거실과 함께 배치한 주방

계단과 다락이 있는 서재

시동생의 침실 겸 업무 공간으로 쓰고 있는 서쪽 서재. 도로 쪽 통로 벽면은 수납으로 활용했다. 통로 끝 계단을 오르면 일인용 침구가 들어가는 다락이 있고, 그 아래에는 카운터 테이블을 놓아서 여기서 업무를 본다.

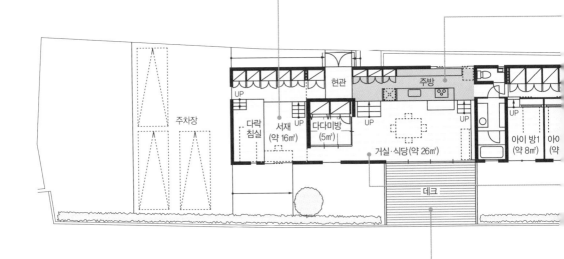

주차장

현관

주방

UP

다락
침실

서재
(약 16㎡)

UP

다다미방
(5㎡)

UP

UP

UP

거실·식당(약 26㎡)

데크

아이 방1
(약 8㎡)

아이
(약

대지가 하천 부근의 충적토 지역이라 지반이 약하다. 따라서 기초를 튼튼하게 만들기 위해서 남쪽 지면을 파내기로 했다. 그 결과 생긴 단차로 방과 방을 나누었다. 이렇게 파낸 남쪽에 거실과 안방, 아이 방을 배치해서 모든 방에서 산천이 보인다.

데크에서 빛과 바람을 느끼다

강과, 숲의 풍경을 만끽할 수 있는 데크. 지면을 조금 파 내려간 공간에 데크를 설치해서 데크가 꼭 무대처럼 보인다. 이곳에서 보내는 시간이 집주인 부부의 최대 행복이다.

주방에서 산과 강을 바라보다
주방은 거실보다 88cm 높은 곳에 있다. 남쪽으로 바깥 풍경이 내려다보인다.

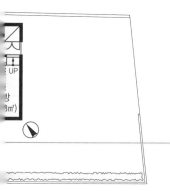

각 방의 단차가 재미있는 공간을 만들다
주방, 거실, 다다미방은 모두 마루의 높이가 다르다. 천장 높이도 달라서 한 공간에 있지만 모두 다른 느낌을 준다. 거실에는 계단을 양쪽에 놓아서 드나들기 쉽게 만들었다.

공간 배치 포인트
공간에 녹아드는 심플한 주방

이 집의 주방과 거실은 일체감이 느껴진다. 전체 공간과 잘 어울리도록 설계자가 직접 디자인한 맞춤형 주방이기 때문이다. 실내 공간의 깨끗한 느낌에 맞춰 조리대에도 백색 인조대리석을 채용했다. 조리대 끝에는 물이 튀거나 물건이 낙하하는 것을 막기 위해서 10cm 높이의 유리판을 설치했다.

DATA
소재지 : 이바라키 현
대지 면적 : 443.77㎡ (134.24평)
연면적 : 134.15㎡ (40.58평)
구조 : 목조
규모 : 지상 1층

ARCHITECT
나야 마나부, 나야 아라타/
나야 건축설계사무소
Tel : 044-411-7934 (가나가와 현)

주방을 중심에 두고 생활하고 싶다

191

088

고지대의 풍경을 들인 주방

간소한 동선으로 생활이 편한 주방과 식당

이전에 주방 카운터를 사용했다는 안주인은 요리를 받아주는 사람이 없으면 돌아 나가야 해서 불편했다고 한다. 그래서 아일랜드 주방과 식당을 일직선으로 연결시켰다. 주방은 1, 2층이 모두 보이는 공간이기도 하다.

1F

LDK
(약 37㎡)

수납방

현관

드레스룸

세면실 욕실

침실1
(약 15㎡)

UP

UP

BF

상부 계단

마루 밑 수납방

이 집은 대지가 험한 경사면에 있다. 대지 평탄화 작업을 하지 않고, 경사를 따라 집을 지어서 건축 비용을 낮췄다. 고지대의 이점을 살려서 1.5층에 주방과 거실과 식당을 배치했고, 풍경이 좋은 쪽으로 창을 냈다. 또 주방에서 1, 2층의 모든 방이 보이도록 공간을 설계했다.

서쪽에 있는 잡목림을 배경으로 삼다

주방 옆으로 있는 데크에 벤치를 설치해 주방의 휴식 공간이 되기도 한다. 데크에서는 집 서쪽에 있는 잡목림이 잘 보인다. 여름이 되면 여기서 바비큐를 하면서 온 가족이 즐거운 시간을 보낸다.

노천 온천 분위기로
꾸민 욕실

집 동쪽에 배치한 욕실. 유리창 너머로 낙엽이 아름다운 단풍나무를 심어서 노천 온천 느낌의 정취를 살렸다. 경치가 잘 보이도록 통창으로 설치했다.

 2F

다락

보이드

아이 방
(약 24㎡)

침실2
(약 11㎡)

DN

드레스룸

데드 스페이스를 이용한
마루 밑 수납방

이 집은 대지의 경사가 심해서 기초를 튼튼하게 세워야 했다. 그 덕분에 생긴 거실 아래 데드 스페이스를 마루 밑 수납방으로 활용했다.

공간 배치 포인트

가전도, 그릇도, 쓰레기통까지
모두 빌트인시킨 주방

주방에는 나와 있는 물건이 거의 없어서 무척 깔끔하다. 물건 늘어놓는 걸 싫어하는 안주인의 요구에 따라 벽면에 대용량 수납공간을 마련했다. 자리를 차지하는 가전제품은 그 크기에 맞는 수납장에 빌트인시켰다. 그릇이나 접시도 이곳에 함께 수납한다. 싱크대 아래쪽에 쓰레기통을 둘 수 있는 공간도 마련했다.

DATA
소재지 : 사이타마 현
대지 면적 : 410.93㎡ (124.31평)
연면적 : 148.86㎡ (45.03평)
구조 : 목조 + 철근콘크리트조
규모 : 지상 2층

ARCHITECT
나미키 히데히로/
어 시드 건축설계
Tel : 048-297-3102 (사이타마 현)

193

8장

여러 세대가
함께 살고 싶다

여러 세대가 함께 사는 주택에서 가장 중요한 것은 세대 간의 적당한 거리감이다. 대가족이 한 지붕 아래 사는 기쁨을 주면서도, 각자의 생활 방식을 존중하는 공간 설계가 요구된다. 여러 세대가 쾌적하게 지낼 수 있는 공간 조성 아이디어를 알아본다.

여러 세대가 함께 살고 싶다

089

열고 닫음이 공존하는 독립형 2세대 주택

침실

주방

서재

거실·식당

부모 세대 현관

1F

요가 방

드레스룸

주방

자녀 세대 현관

거실·식당

보이드

0 1 2 3m

2F

활동 시간과 생활 패턴이 다른 2세대를 위한 완전 분리형 주택이다. 1층에는 부모 세대, 2층과 3층에는 자녀 세대가 산다. 현관도 따로 두었다. 층마다 콘크리트로 된 벽의 위치를 달리 해서 창의 배치와 크기에 변화를 줬다.

부모 세대 　 자녀 세대

두 곳으로 나눈 현관
각 세대에 현관을 하나씩 배치했다. 그렇지만 앞으로는 포치를 실내로 꾸며서 서로 공유할 생각이다.

자녀 세대

자녀 세대

다목적으로 사용하는 요가 방

1 자녀 세대의 화장실이다.
2 주방 북쪽에 있는 요가 방은 화장실과 연결된다. 요가를 하는 것 외에도 다목적으로 쓰고 있다.

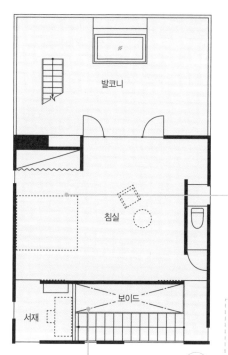

발코니

침실

서재

보이드

3F

넓은 침실은 아이 방 배치를 고려했다

3층은 자녀 세대의 공간이다. 발코니를 끼고 있는 만큼 이웃집과 어느 정도 거리가 있어서 상대적으로 창을 크게 설치했다. 현재는 안방으로 쓰고 있지만 앞으로 방을 2개로 나눠 한쪽은 아이 방으로 쓸 생각이다.

자녀 세대

부모 세대

원룸형으로 심플하게 공간 배치

부모 세대가 사는 1층은 거실, 식당, 안방이 이어지는 원룸형이다. 필요하면 침실의 미닫이문을 닫아서 공간을 구분할 수도 있다. 모든 공간이 단차 없이 심플하게 구획되었다.

자녀 세대

보이드를 통해 거실과 식당의 채광 확보

넉넉한 생활공간을 원한 자녀 세대. 보이드를 이용해 밝고 쾌적하게 조성했다.

DATA
소재지 : 도쿄 도
대지 면적 : 120.98㎡ (36.60평)
연면적 : 175.48㎡ (53.08평)
구조 : 벽식철근콘크리트조
규모 : 지상 3층

ARCHITECT
야마나카 유이치로, 노가미 데쓰야/
S.O.Y. 건축환경연구소
Tel : 03-3207-6507 (도쿄 도)

여러 세대가 함께 살고 싶다

별채 있는 집에서
2세대가 산다

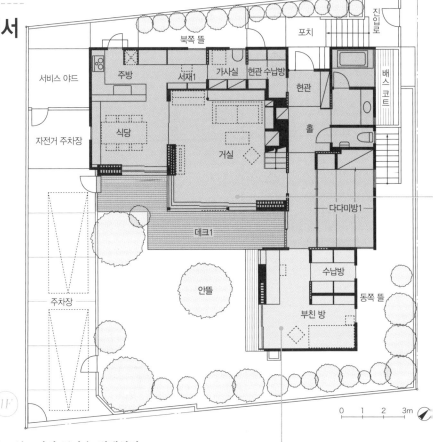

서비스 야드

북쪽 뜰

포치

진입로

주방

서재1

가사실

현관 수납방

현관

배스
코트

자전거 주차장

식당

홀

거실

다다미방1

데크1

수납방

동쪽 뜰

주차장

안뜰

부친 방

0 1 2 3m

건 물을 L자로 배치했고 부모님의 공간은 별채처럼
조성했다. 별채는 단층 건물로 지었고, 현관과 바
로 연결시켜서 고립되지 않도록 했다. 한편 대가족 생활
도 충분히 즐길 수 있도록 LDK 공간을 충분히 넓게 만
들었다. 신록이 푸른 안뜰 쪽으로 창을 크게 내고, 천장
가까이 측창을 내서 밝고 넉넉한 공간으로 조성했다.

부모 세대

**별채처럼 설계한
부친의 방**

전면의 단층 건물이 부친의
방이다. 부친을 배려해서
아늑한 별채처럼 만들었다.

자녀 세대

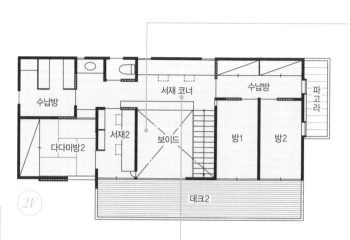

수납방

서재 코너

수납방

파고라

다다미방2

서재2

보이드

방1

방2

2F

데크2

위아래 층을 연결하는 보이드

서로의 기척을 느낄 수 있도록 보이드를 만들었다. 1층에서 자주 악기 연주를 하므로 음의 반향에도 신경을 써서 만들었다. 거실 위쪽에 있는 측창에는 전동 롤스크린을 설치했다. 채광을 조절하고 냉기를 차단하는 용도다.

여러 세대가 함께 살고 싶다

자녀 세대

다목적으로 이용하는 서재 코너

통로에 책상과 책장을 놓아서 서재 코너로 만들었다. 책장에는 부부의 장서는 물론이고, 아이들 그림책도 함께 수납했다. 지금은 큰아이의 공부방으로 활용하고 있다.

DATA

소재지 : 도쿄 도
대지 면적 : 330.39㎡ (99.94평)
연면적 : 177.26㎡ (53.62평)
구조 : 목조
규모 : 지상 2층

ARCHITECT

무라타 준/
무라타 준 건축연구실
Tel : 03-3408-7892 (도쿄 도)

공용

뜰이 내다보이는 다기능 전면창

뜰과 거실을 하나로 이어주는 전면창에 두 종류의 창호를 채용했다. 하나는 발이다. 이것은 여름에 망사문 역할을 하면서 직사광선을 차단해 준다. 또 하나는 겨울의 냉기를 차단하는 장지문이다.

부모 세대

드라이 에어리어를 설치해서 쾌적한 공간

지하층에는 드라이 에어리어를 설치해서 빛과
바람을 확보했다. 채광이 무척 좋아서 지하층의
닫힌 느낌이 없다.

091

세대 간 친근감과 적당한 거리감이 공존하는 집

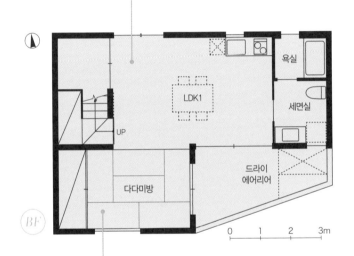

욕실

세면실

LDK1

UP

다다미방

드라이
에어리어

BF

0 1 2 3m

1층은 2세대가 함께 쓰는 공간이고, 그 위아래 층은 각 세대의 공간이다. LDK는 가족이 모두 모여 식사를 하는 화합의 장소다. 부모 세대가 사는 지하층은 **드라이 에어리어(dry area, 건물 주위를 파내 려가서 한쪽에 옹벽을 설치해 방습, 채광, 통풍 등을 보완하는 공간)**를 설치해서 빛과 바람이 잘 든다. 서로 다른 생활 패턴을 고려해 화장실은 따로 배치했고, 지하 층에는 작은 주방도 따로 두었다.

부모 세대

잠이 잘 오는 차분한
분위기의 다다미방

부모님의 침실은 다다미방으로 조
성했다. 드라이 에어리어와 가까
워서 밝기도 충분하다. 벽면에 슬
릿창을 내서 전통적인 이미지를
더욱 살렸다.

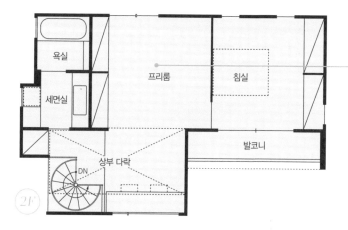

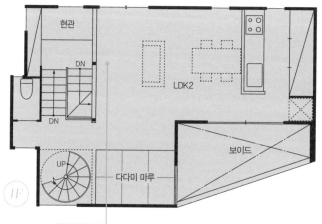

욕실

세면실

프리룸

침실

발코니

상부 다락

DN

2F

현관

DN

DN

LDK2

보이드

UP

다다미 마루

1F

자녀 세대

가족 구성원의 변화에
대응하는 프리룸

2층에 배치한 프리룸. 자녀 세대
의 거실 겸 서재로 활용하는 공간
이다. 앞으로는 칸막이를 설치해서
한쪽에 아이 방을 조성할 생각이다.

공용

바깥 풍경이 아름다운 LDK

가족이 함께 사용하는 1층 LDK. 창밖으로
공원의 풍경이 담아진다. 차분한 인테리
어를 배경으로 신록이 더욱 짙어 보인다.

DATA

소재지 : 도쿄 도
대지 면적 : 124.42㎡ (37.64평)
연면적 : 141.53㎡ (42.81평)
구조 : 목조 + 철근콘크리트조
규모 : 지하 1층 + 지상 2층

ARCHITECT

우스이 도루/
U 건축설계실
Tel : 03-3702-6371 (도쿄 도)

여러 세대가 함께 살고 싶다

092

2세대가 조화롭게
사는 전망 좋은 집

공용

LDK는 널찍한 가족의 공간

널찍하게 조성한 LDK는 가족이 함께 쓰는 공간이다. 천장과 마루, 식당과 주방 등 모든 공간에 원목을 써서 자연친화석으로 꾸몄다. 개방형 주방은 카운터 일부를 가렸다.

공용

손님의 눈을 끄는 푸른 진입로

긴 진입로에는 미모사, 벚나무, 장미, 자귀나무 등을 심어 놓았다. 이 나무들은 집주인이 어릴 적부터 보아 온 친근한 수종이다. 사는 공간은 바뀌었지만 풍경에 대한 기억을 옮겨 놓았다.

 주인 부부와 모친은 이전에는 따로 살았다. 합가를 하면서 식사는 같이 하더라도 공간은 따로 쓰는 게 낫겠다고 생각해 모친의 공간을 별채처럼 꾸몄다. 모친을 위한 배려. 가족이 모두 모이는 LDK는 널찍하게 만들었다. 데크 쪽으로 창을 크게 내서 공간의 개방성을 높였다.

부모 세대

데크를 놓은 모친의 공간

LDK와 데크를 연결한 풍경 좋은 모친의 방. 통로로 실내가 연결되어서 가족들의 기척이 들린다. 전용 화장실을 설치하는 등 생활하는 데 불편함이 없도록 사소한 부분까지 고려해서 설계했다.

1F

침실

현관

·식당

데크

방

안뜰

차고

0 1 2 3m

2F

보이드

DN

전망실

자녀 세대

주변 경관을 만끽하는 전망실

상층에서 전망이 내려다보이면 좋겠다는 집주인의 희망사항을 반영해 2층의 일부를 전망실로 만들었다. 전망실의 유리는 양방향으로 냈다. 이곳에서 보이는 불꽃놀이와 벚나무들이 무척 아름답다고 집주인은 말한다.

자녀 세대

풍경이 아름다운 기능성 좋은 공간

2층 전망실은 집주인의 서재로도 쓴다. 창을 따라 설치한 카운터의 한쪽에는 컴퓨터를 놓았다. 카운터 밑에는 책과 컴퓨터 관련 기기를 수납했다.

DATA

소재지 : 사이타마 현

대지 면적 : 650,67㎡ (196,83평)

연면적 : 130,30㎡ (39,42평)

구조 : 목조

규모 : 지상 2층

ARCHITECT

나미키 히데히로/
어 시드 건축설계

Tel : 048-297-3102 (사이타마 현)

여러 세대가 함께 살고 싶다

093

프라이빗한 공간으로 설계한 2세대 주택

부모 세대

감각 있게 설계한 기능성 주방과 식당

부모님이 사용하는 주방과 식당에는 수납공간을 확보해 카페에 온 듯 깔끔하다. 식탁을 ㄱ자로 둘러서 바처럼 색다르게 활용한다.

부모 세대 차고

부모 세대 현관

작업실

욕실

세면실

자녀 세대 차고

식당·주방

안방

수납방

테라스

서재

자녀 세대 현관

UP

1F

0 1 2 3m

자녀 세대

미닫이문 하나로 연결되는 두 공간

1층 현관홀 옆에는 2세대의 공간을 잇는 미닫이문이 있다. 두 집의 현관은 따로 있지만, 실내는 하나로 연결된다. 미닫이문 안쪽 공간은 집주인이 서재로 이용하고 있다.

부모 세대는 1층을, 자녀 세대는 2, 3층을 쓴다. 각 세대 간 공간은 완전히 분리했지만, 1층에 있는 현관홀 옆에 미닫이문을 설치해 세대 간 통로를 만들었다. 주택 밀집 지역에 있기 때문에 2층에 보이드를 감싸는 담을 설치해서 외부의 시선을 가리고, LDK에 대개구를 설치했다.

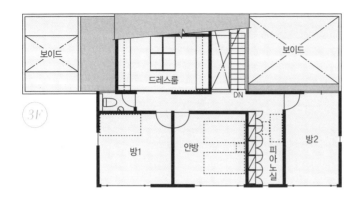

3F

보이드

드레스룸

DN

방1 안방 피아노실 방2

2F

서비스 발코니

주방

UP

팬트리

보이드

발코니

거실·식당

세면실 욕실

DN

자녀 세대

프로 요리사가 직접 꾸민 주방

프랑스 요리로 유명한 명문 학교를 졸업하고 요리 학교를 운영하는 안주인. 그런 안주인이 직접 꾸민 기능성 좋은 주방이다. 가스 오븐을 설치하고, 식기를 비롯해 다양한 크기의 요리 도구가 들어가는 대용량 수납장도 놓았다.

DATA
소재지 : 도쿄 도
대지 면적 : 152.68㎡ (46.19평)
연면적 : 229.16㎡ (69.32평)
구조 : 목조
규모 : 지상 3층

ARCHITECT
스기우라 에이치/
스기우라 에이치 건축설계사무소
Tel : 03-3562-0309 (도쿄 도)

자녀 세대

다목적으로 사용하는 식당

직접 주최하는 요리 교실을 비롯해, 거의 매일 요리를 하는 안주인을 위해 식탁에 미니 조리대를 덧붙였다. 심플한 공간과 무척 잘 어울리는 IH 쿠킹히터를 채용했다.

094

개방성을 강조한 2세대 주택

반개방형 주방에 아침식사용 카운터를 설치

역ㄷ자형 주방은 편의성이 무척 좋다. 아침식사용 카운터를 설치해 바쁜 시간에 음식을 일일이 나르는 수고를 덜었다.

거실 모습이 건너보이는 모친의 방

채광이 좋고 안뜰도 잘 보이는 곳에 모친의 공간을 만들었다. 창 너머로 거실의 모습이 보여서 안정감이 느껴진다. 문을 닫으면 소리가 차단된다.

현관 / 주방 / 차고 / 거실1 (22㎡) / 다다미방 (7㎡) / 창고 (5㎡) / UP / 방1(8㎡) / 데크 / 모친의 방(11㎡)

1F

0 1 2 3m

안뜰을 감싸는 L자형 구조. 건물 왼쪽 절반은 현관과 화장실, 모친의 방을 배치했다. 이 방은 화장실과 바로 연결돼서 거실을 지날 필요가 없다. 오른쪽 절반에는 LDK와 계단을 배치했다. 거실 일부에 다다미방을 조성했고, 식탁은 거실과 다다미방 양쪽에서 쓸 수 있다. 거실과 모친의 방은 데크를 통해 서로 바라다보인다.

2층과 보이드로 연결된 거실

거실에는 보이드가 있어서 2층과 공간을 공유한다. 잡목림 무성한 안뜰이 보여서 개방성이 좋다.

206

통로를 활용한 서재 코너
침실로 가는 넉넉한 통로에 책상을 설치해서 부부가 함께 쓰는 서재 코너로 만들었다. 사진 왼쪽은 벽면 수납장이다.

보이드를 통해 거실과 통하는 2층

2층은 부부의 공간으로 1.5층에 거실이 하나 더 있다. 맞춤형 책상을 놓은 서재 코너와 툇마루처럼 설계한 통로를 지나면 안주인의 공방이 나온다. 공방은 보이드와 가깝게 배치했다. 침실은 실내 동선의 가장 안쪽에 있어서 무척 아늑하다.

예비실(7㎡) · 서재 코너 · 거실2(14㎡) · UP · DN · 안방(12㎡) · 보이드 · 통로 · 공방(7㎡) · 루프 테라스

2F

부부가 시간을 보내는 2층 거실
1.5층에 있는 거실은 부부의 공간이다. 기존에 가지고 있던 가구를 그대로 쓰기로 하고 설계를 했기 때문에 모든 가구가 공간에 딱 들어맞는다. 루프 테라스와 이어져 있어 무척 쾌적하다.

DATA
소재지 : 사이타마 현
대지 면적 : 239.91㎡ (72.57평)
연면적 : 161.20㎡ (48.76평)
구조 : 목조
규모 : 지상 2층

ARCHITECT
다카노 야쓰미쓰/
유쿠칸 설계실
Tel : 03-3301-7205 (도쿄 도)

여러 세대가 함께 살고 싶다

095

대가족에 맞게
최적화한 동선

**계단, 중정, 음악실로
연결되는 현관홀**

현관홀과 중정, 음악실이 한 공간처럼 보여 개방성이 무척 좋다. 계단이 돌출되어 있어 집에 돌아온 가족의 발걸음이 자연스럽게 2층 거실로 향한다.

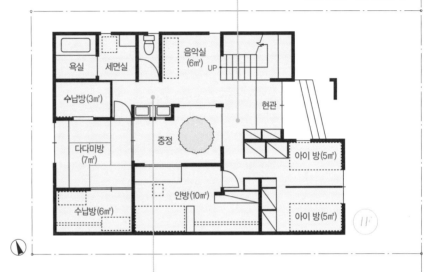

**통로의 일부를
세면 코너로 조성**

가족이 많으니 하나의 세면실로는 부족하다. 통로 한쪽에 2대의 세면기를 설치한 세면 코너를 더 만들었다.

계단 통로와 세면실, 음악실을 일직선상에 두어서 한정된 면적을 효율적으로 활용했다. 방의 크기는 최대한 줄였다. 아이 방은 가변벽으로 공간을 나누었다. 가변벽은 추후에 용도에 따라 벽을 해체하기 쉬워 아이가 독립하면 다른 용도로 쓸 수 있도록 했다.

208

**통로에 있어서 수시로
머무르는 서재**

화장실과 부친 방으로 가는 통
로에 있는 서재. 창을 통해 중
정과 테라스가 보인다. 작지만
여유가 느껴지는 공간이다.

수납방
(6㎡)

서재(5㎡)

DN

부친의
다다미방
(7㎡)

보이드

LDK
(24㎡)

테라스

2F

**조용한 곳에 배치한
부친의 공간**

이웃집이 없고 채광이 좋은 곳을
부친의 공간으로 꾸몄다. 중정 너
머로 거실이 보여서 조용하면서도
단절감은 없다.

편안히 쉴 수 있는 개방적인 거실

가족의 공간인 거실은 넓게 만들었다. 박공
지붕 쪽에 낸 측창과 테라스 방향으로 통창
이 있어서 밝고 개방성 좋다. 이웃집 창과 같
은 위치에 있지 않도록 섬세하게 고려했다.

**동선의 자연스러운
흐름에 따라 거실을 배치**

현관에서 계단, 거실로 이어지는
동선이 무척 부드럽다. 식당은 테
라스 가까이 배치해 밝은 분위기
로 만들었다. 식당 맞은편으로 부
친 방이 살짝 보여서 서로 안심이
된다. 집 중앙에 중정을 두어 집
안팎으로 열려 있는 느낌이다.

여러 세대가 함께 살고 싶다

DATA

소재지 : 지바 현
대지 면적 : 149.87㎡ (45.34평)
연면적 : 135.99㎡ (41.14평)
구조 : 목조
규모 : 지상 2층

ARCHITECT

다나카 나오미/
다나카 나오미 아틀리에
Tel : 0426-70-2728 (도쿄 도)

209

096

가족들의 생활 패턴을
잘 반영한 주택

**넓은 통로가 공간을 나누고
외부로 연결하다**

현관에서 이어지는 넓은 통로는
동선을 자연스럽게 안뜰로 연결
한다. 주방 쓰레기를 안뜰에 있
는 대형 쓰레기통에 버릴 때 무
척 편리하다.

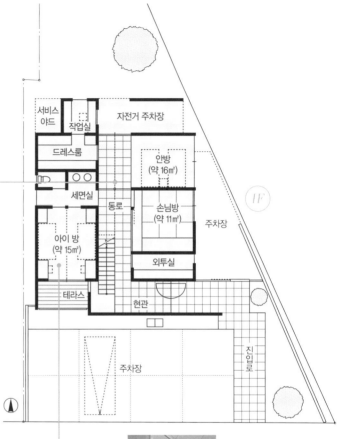

서비스
야드

작업실

자전거 주차장

드레스룸

안방
(약 16㎡)

세면실

동로

손님방
(약 11㎡)

주차장

1F

아이 방
(약 15㎡)

외투실

테라스

현관

주차장

진입로

현관을 집 정면에 놓지 않고 오른쪽으로 살짝 우회
하는 공간에 놓았다. 덕분에 외부 시선을 차단하
는 효과를 얻어 유리로 된 출입문도 부담스럽지 않다.
타일이 깔린 반 옥외 개념의 통로가 집을 반으로 가르는
구조다. 타일 마루와 유리 천장을 안방까지 연결해서
현관에서 안뜰로 이어지는 일직선의 흐름을 만들었다.

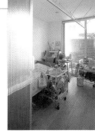

아이 방은 작고 아담하게

주로 잠을 잘 때만 사용하는
아이 방은 작게 꾸몄다. 현재
는 두 아이가 한 방을 쓰고
있는데, 반투명 아코디언식
커튼을 이용하면 방이 양분
된다.

심플한 실내, 따뜻한 느낌을 주는 식탁

LDK는 이 집의 중심 공간으로 가족들이 자연스럽게 식당으로 모인다. 식당에는 길이 2m 20cm짜리 긴 식탁을 두었다.

생활 기능을 갖춘 다목적 방

집주인의 또 하나의 공간이다. 1층의 안방은 수면을 위한 방으로 침대만 단출하게 두었다. 이곳은 평소에 취미 생활을 하거나 휴식 공간으로 활용한다. 화장실과 샤워 부스, 세면실이 구비되어 있어 편리하다.

가사가 즐거워지는 넓고 심플한 주방

주문 제작한 아일랜드 주방은 심플하고 개방감 있게 꾸몄다. 산뜻한 디자인에 수납도 넉넉하다. 거실과 한 공간에 있어서 가족 간의 대화도 자연스럽게 오간다.

공간 배치 포인트
가사 동선을 한곳으로 모아서 이동을 편하게

거실과 집주인의 방은 계단실을 사이에 두고 이웃하게 배치했다. 계단실 통로의 천장은 유리로 마감하고 천창을 설치해 자연광을 들였다. 다용도실과 **배스 코트** (bath court, 바깥 공기를 느낄 수 있도록 욕실과 가까운 정원 쪽의 주위를 벽으로 가린 작은 공간)는 바로 연결되어 있어서 배스 코트를 세탁물 건조 공간으로도 활용한다.

여러 세대가 함께 살고 싶다

DATA
소재지 : 도치기 현
대지 면적 : 320.09㎡ (96.83평)
연면적 : 191.12㎡ (57.81평)
구조 : 철골조
규모 : 지상 2층

ARCHITECT
오노자토 신/
오노자토 신 건축설계 아틀리에
Tel : 028-633-1215 (도치기 현)

097

외부 거실이
2세대를 연결하다

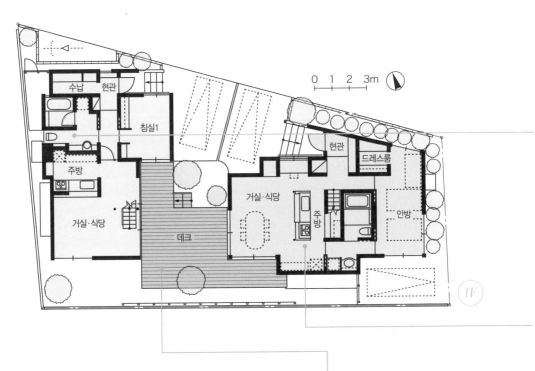

0 1 2 3m

수납 　현관

침실1

주방

거실·식당

데크

현관 　드레스룸

거실·식당

주방

안방

1F

데 크를 사이에 두고 주택을 2개 동으로
나누어 짓고 각 세대가 거주한다. 두 건
물 모두 데크 쪽으로 전면창을 내서 채광한다.
자녀 세대는 향후에 부모님을 간호해야 할 것
을 대비해 공간 설계에 반영했고, 부모 세대는
화장실을 중심에 둬서 회유 동선을 만들었다.

공용 두 동을 연결하는 데크

데크는 두 주택이 공유하는
외부 거실이다. 향후 한 동
을 임대하게 될 경우 데크도
분할하는 것을 염두하고 설
계했다.

자녀 세대

화장실은 각 층에 하나씩

화장실은 각 층에 하나씩 놓았다. 문이 없는 화장실은 처음에는 어색했으나, 부모님을 곁에서 간호해야 할 경우에 대비한 설계다. 덕분에 공간이 넓어졌고 사용 편의성도 좋아졌다.

자녀 세대

성격이 다른 두 거실

자녀 세대에는 2개의 거실이 있다. 1층 거실은 가족 공간이다. 2층 거실은 부부만의 공간으로, 손님이 오면 손님방으로 쓸 수 있게 미닫이문을 설치했다.

아이 방

거실

2F

드레스룸

침실2

보이드

보이드

수납방

DATA

소재지 : 도쿄 도
대지 면적 : 299.50㎡ (90.60평)
연면적 : 209.09㎡ (63.25평)
구조 : 목조
규모 : 지상 2층 (2개 동)

ARCHITECT

아케노 다케시, 아케노 미사코,
야스하라 마사토/
아케노 설계실 1급 건축사사무소
Tel : 044-952-9559 (기나가와 현)

부모 세대

화장실 중심의 회유 동선

부모 세대가 가는 이 집은 주방과 화장실을 한가운데 위치시켜서 각 공간에서 연결이 편하도록 했다. 그 양옆에 거실과 식당, 침실을 배치했다. 마루는 단차 없이 평평하다.

은은한 빛이 드는 LDK 부모 세대

부모 세대가 쓰는 1층 LDK. 모친의 취향인 목재 주방에 맞춰 수납 문도 같은 소재도 통일했다. 심플한 인테리어 가 빛과 어우러져서 부드러 운 느낌의 공간이 되었다.

098

실내 계단이 2세대를 연결하다

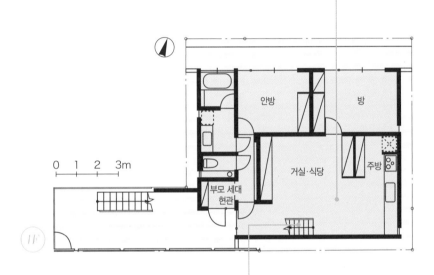

안방

방

거실·식당

주방

부모 세대 현관

0 1 2 3m

1F

부모 세대

공간과 공간을 부드럽게 연결하는 계단

공간을 2개로 완전히 분리했 지만, 실내 계단을 이용하면 서로 가깝게 오갈 수 있다. 아이를 키우는 집주인 부부 에게 부모님과 함께 사는 삶 은 무척 마음 든든하다.

1층은 부모님이, 2층과 3층은 자녀 세대가 쓰 고 있다. 현관을 따로 둔 대신, 실내에 있는 계단이 2세대가 따로 살면서 가깝게 오갈 수 있 게 돕는다. 또 계단실의 보이드를 통해 채광을 확보해 위아래 층을 밝은 분위기로 연결한다.

테라스

방1(아이 방)

방2

3F

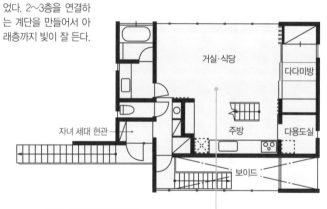

거실·식당

다다미방

자녀 세대 현관

주방

다용도실

보이드

2F

자녀 세대

**자연광이
내리쬐는 계단**

이웃집에 둘러싸인 입지 때문에 채광과 프라이버시 보호가 관권이었다. 2~3층을 연결하는 계단을 만들어서 아래층까지 빛이 잘 든다.

자녀 세대

용도에 맞게 쓰는 유연한 공간 배치

방1은 아이가 크면 아이 방으로 꾸밀 예정이며 지금은 집주인의 침실로 쓰고 있다. 방2는 서재로 쓰고 있는데, 두 공간이 바로 연결되어 자유롭게 사용한다.

자녀 세대

가족 간의 소통을 중시한 설계

자녀 세대의 LDK. 부부는 3층으로 가는 동선에 2층 LDK를 꼭 포함시켜 달라고 주문했다. 결국 LDK 중앙에 계단을 설치했다. 가족들이 거실에 자연스럽게 모일 수 있는 설계다.

DATA

소재지 : 도쿄 도
대지 면적 : 76.50㎡ (23.14평)
연면적 : 171.22㎡ (51.79평)
구조 : 철골조
규모 : 지상 3층

ARCHITECT

가쓰야 아쓰시, 가쓰야 나오코/
카스야 아키텍츠 오피스
Tel : 03-3385-2091 (도쿄 도)

여러 세대가 함께 살고 싶다

9장
한 집에 오래
살고 싶다

추억이 깃든 집에 오래 살고 싶어 하는 것은 당연하다. 그러려면 건물의 골조가 튼튼해야 하고, 결로나 곰팡이가 생기는 일이 없도록 관리를 잘 해야 한다. 또 가족 구성원의 변화에 대응할 수 있는 집으로 만들면 한 집에 오래 사는 것도 꿈은 아니다.

099

변경 가능한 수납과
가구 설계로
여유롭게 산다

2세대가 같이 쓰는 세면실

1층에 있는 세면실과 욕실은 2세
대가 함께 쓴다. 서로 활동 시간
대가 달라서 화장실을 부모님 침
실과 떨어진 곳에 배치했다. 여러
명이 사용하므로 세면기는 2개를
설치했다.

1F

부모 세대
LDK(14㎡)

욕실

세면실

현관

부모 세대
침실(9㎡)

UP

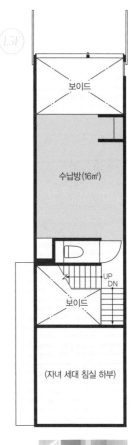

1.5F

보이드

수납방(16㎡)

UP
DN

보이드

(자녀 세대 침실 하부)

0 1 2 3m

가 늘고 긴 건물의 중간쯤에 현관과 현관홀을 마련
해서 상하좌우 공간을 짧은 동선으로 이었다. 세
면실과 욕실은 2세대가 함께 쓴다. 좁은 대지에 2세대
가 사는 주택을 짓기 위해서 천장 높이를 낮추고 화장실
위에 중간층을 만들어서 공용 수납을 확보했다.

구조벽을 이용한 선반과 책상

벽간 공간을 만들기 위해서 돌출
된 형태의 구조벽을 배열했다. 그
사이에 선반을 설치해서 책상과
수납공간을 마련했다. 선반 위치
와 단수도 마음대로 바꿀 수 있다.

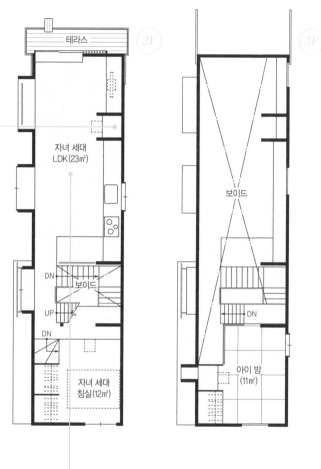

테라스

2F

자녀 세대
LDK(23㎡)

DN

보이드

UP

DN

자녀 세대
침실(12㎡)

3F

보이드

DN

아이 방
(11㎡)

마루 단차로 다채로워진 LDK

LDK 안쪽에 다락형 아이 방과 LDK보
다 70cm 정도 단을 낮춘 침실 공간이
겹쳐 서로 바라보인다. 주방 바로 옆
에 있는 낮은 테이블은 1층 화장실 상
부에 있다. 창마다 빛이 잘 들어서 공
간이 무척 밝다.

칸막이벽이 없는 입체적 원룸

자녀 세대의 층은 마루와 천장의
단차로 공간을 나눴다. 칸막이벽
이 없어서 마음대로 공간을 쓸 수
있다. 돌출창을 벤치로 쓰고, 구
조벽 사이에 선반을 설치해 책상
으로 쓰는 등 건물을 가구처럼 이
용했다. 덕분에 가구의 수가 적어
서 공간이 넓어졌다.

한 집에 오래 살고 싶다

DATA

소재지 : 도쿄 도
대지 면적 : 76.16㎡ (23.04평)
연면적 : 104.50㎡ (31.61평)
구조 : 목조
규모 : 지상 3층

ARCHITECT

스즈노 고이치, 가무로 신야/
트로프 건축설계사무소
Tel : 03-5498-7156 (도쿄 도)

100

50년은 거뜬하게 버티는 집

다른 장소와 연속되는 느낌이 공간을 넓게

계단과 식당 사이를 유기적으로 꾸몄고, 시각이 대각선으로 뻗어 편안한 느낌이다.

책으로 둘러싸인 서재

가족이 모두 이용하는 서재는 벽 전체를 서가로 만들었다. 다른 방과 차별된 느낌을 주기 위해 마루는 V자 무늬 모양의 헤링본 패턴으로 깔았다. 집주인이 첫 월급으로 산 추억의 앤티크 의자도 볼 만하다.

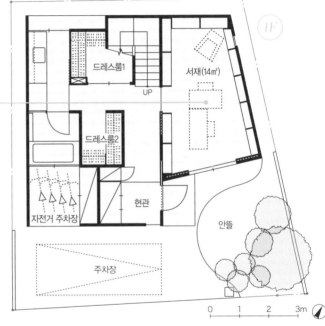

1F

드레스룸1
서재(14㎡)
UP
드레스룸2
자전거 주차장
현관
안뜰
주차장
0 1 2 3m

사 다리꼴의 대지 형태를 살린 거실과 거실 남쪽으로 창을 내서 채광과 통풍을 한다. 계단은 실내가 연장된 느낌으로 꾸몄다. 벽면을 이용한 DVD와 CD 수납장은 번잡한 느낌을 주지 않기 위해서 안쪽 깊숙이 설치했다. 3층에는 넓은 테라스를 만들어서 개방성 좋게 설계했다.

타일과 나무로 된 맞춤형 주방

나뭇결이 예쁜 들메나무판 소재로 마감해 깔끔하게 만든 주방. 주방 가구는 아틀리에에서 맞춤형으로 제작했다.

3F

침실 (12㎡)

DN

홀

아이 방 (14㎡)

루프 테라스

2F

팬트리

DN UP

거실 (11㎡)

식당·주방 (18㎡)

테라스

늘 정리된 느낌의 식당

식당과 주방 사이에는 카운터 수납을 배치해서, 식당과 거실에서 주방 안쪽이 훤히 보이지 않는다. 사진 오른쪽 구석에는 팬트리가 있어서 식료품과 잡다한 물건을 수납한다.

안뜰과 연결되는 곳에 서재를 배치하다

동남쪽 구석에 있는 안뜰로 창을 낸 서재. 일을 하거나 책을 읽으면서 바깥 경치를 감상하기도 하고, 때로는 통로 쪽을 넌지시 바라보곤 한다. 세면실과 탈의실에는 탕에서 나와서 앉아 쉴 수 있도록 벤치를 놓았다. 드레스룸을 두 곳에 배치해 수납공간을 충분히 마련했다.

DATA

소재지 : 도쿄 도
대지 면적 : 89.65㎡ (27.12평)
연면적 : 119.09㎡ (36.02평)
구조 : 철골조
규모 : 지상 3층

ARCHITECT

안도 가즈히로, 다노 에리/
안도 아틀리에
Tel : 048-463-9132 (사이타마 현)

🏠 *101*

아이의 성장에 따라 변경 가능하게 설계한 집

맞배지붕 아래 있는 아늑한 아이 방

아이가 서재에서 공부를 하기 때문에 3층 공간은 수면 공간으로 꾸몄다. 추후에 가구를 놓는 등 자유롭게 꾸밀 생각이다.

테라스와 가까운 안방

안방은 테라스 쪽으로 창을 내서 바깥과의 연결을 꾀했다. 독서와 일을 할 수 있도록 코너에 책상도 놓았다.

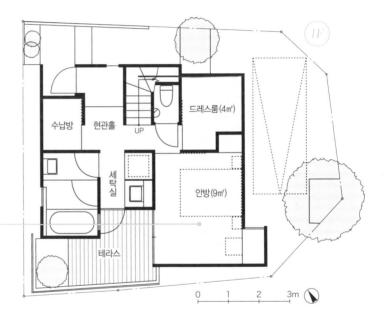

수납방 / 현관홀 / UP / 드레스룸(4㎡) / 세탁실 / 안방(9㎡) / 테라스

0 1 2 3m

대지의 서쪽을 제외한 삼면을 도로가 둘러싸고 있어서 건물은 서쪽으로 밀고 동쪽을 주차장으로 만들었다. **심볼 트리**(symbol tree, 정원의 성격을 가장 잘 나타내는 중심이 되는 나무)를 심어서 마을 경치로 삼았다. 1층에는 화장실, 침실 등을 배치했다. 세탁 공간은 별도로 만들고 테라스와 연결시켰다. 좁은 면적을 최대한 활용한 설계다.

서재와 대면하는 주방

주방은 식당 쪽으로는 닫혀 있고, 서재 쪽으로는 열려 있다. 아침저녁으로 서재에 있는 아이들과 대화를 하면서 가사를 한다. 주방이 넓어서 여러 명이 함께 일하기에도 좋다.

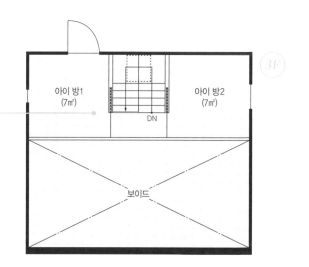

아이 방1
(7㎡)

아이 방2
(7㎡)

DN

보이드

3F

주방(7㎡)

서재(5㎡)

DN

UP

거실·식당(24㎡)

2F

공간 배치 포인트
거실에서 잡다한 물건이 보이지 않도록 공간을 나눔

2층은 기둥이 없는 원룸이다. 주방은 식당과 나눠져 있고, 아이들이 있는 서재와는 연결되어 있다. 다락 형태의 아이 방은 거실과 공간적으로는 연결되어 있지만, 시각적으로는 단절되어 거실에서 아이 방의 물건들이 보이지 않는다.

DATA

소재지 : 도쿄 도
대지 면적 : 79.70㎡ (24.11평)
연면적 : 103.99㎡ (31.46평)
구조 : 철근콘크리트조 + 목조
규모 : 지상 3층

ARCHITECT

와카하라 가즈키/
와카하라 아틀리에
Tel : 03-3269-4423 (도쿄 도)

쾌적한 거실에서 하루의 피곤을 풀다

높은 천장을 살린 거실은 천창을 통해 채광을 한다. 창의 크기를 적당하게 조절해서 바깥 시선에 신경을 쓸 필요가 없도록 했다.

102

여러 세대가 살 수 있는 집으로 개조 가능

침실 바로 옆에 있는 쾌적한 화장실

화장실은 2층 침실 옆에 배치했다. 세면볼과 일체형으로 된 세면대는 맞춤형이다. 이음새가 없어서 깔끔하고 청소할 때도 편하다.

심플하게 꾸민 사무실

앞으로 부모님 공간으로 개조할 지하 사무실. 사무실은 거실 아래 있고, 서고는 화장실 아래에 있다. 천장 높이는 3m로 마루 단을 높이는 화장실 개조도 할 수 있다.

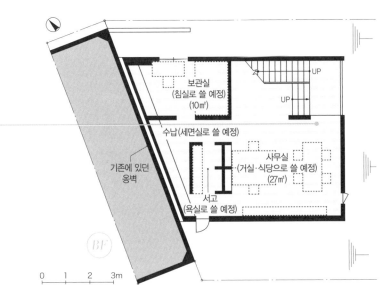

보관실
(침실로 쓸 예정)
(10㎡)

UP

UP

수납(세면실로 쓸 예정)

기존에 있던 옹벽

사무실
(거실·식당으로 쓸 예정)
(27㎡)

서고
(욕실로 쓸 예정)

0 1 2 3m

1 층 LDK와 2층 침실이 보이드를 통해서 연결되는 입체적 형태의 원룸이다. 아이가 크면 침실에 가동식 수납장을 놓아서 방을 만들어줄 예정이다. 1층 수납은 주방 뒤쪽으로 오목하게 들어간 공간을 만들어 수납을 해결했다.

대형 창으로 바깥 풍경이 그대로 담아지다

현관에 들어서면 커다란 창에서 경사지의 확 트인 풍경이 보인다. 넓은 현관홀은 LDK와 지하 사무실을 연결하는 완충지대다. 어떻게 사용해도 좋은 기능성 공간이다.

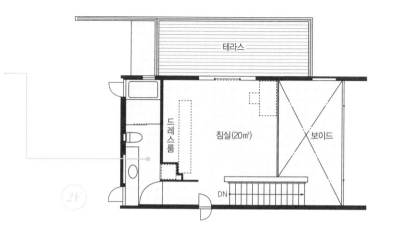

테라스

드레스룸

침실(20㎡)

보이드

DN

2F

사무실이 있는 지하는 추후에 부모님의 거실 공간으로 조성할 예정이다. 서고는 세면실과 욕실로 쓰기 위해 배수로를 설치했다. 챌판이 없는 리듬감 있는 계단을 오르면, 1층 현관홀과 연결되며 보이드와 맞닿아 있어 주변이 환하다.

한 집에 오래 살고 싶다

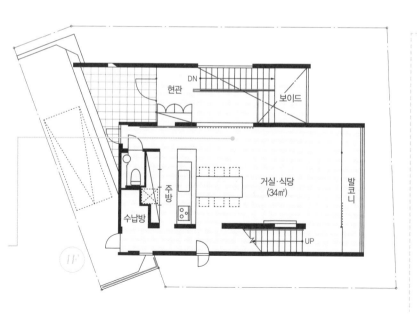

현관

DN

보이드

주방

거실·식당
(34㎡)

발코니

수납방

UP

1F

DATA

소재지 : 가나가와 현
대지 면적 : 138.52㎡ (41.90평)
연면적 : 154.25㎡ (46.66평)
구조 : 철근콘크리트조 + 철골조
규모 : 지하 1층 + 지상 2층

ARCHITECT

오자와 슌이치, 오자와 아쓰코/
오자와 디자인 일급 건축사무소
Tel : 045-325-9712 (가나가와 현)

103

깃대 부지의
효율적인
공간 설계가
돋보이는 집

드레스룸 · 슈즈룸 · 안뜰 · 간이 주방 · 화로 · 다다미방(10㎡) · 홀 · 서재(5㎡) · UP · 안방(13㎡) · 테라스(29㎡) · 주차장 · 1F

수납이 있어서 깔끔한 현관홀

현관홀에는 슈즈룸 이 외에도 3㎡ 크기의 외투실도 딸려 있어 손님의 옷과 휴대품을 보관하기 편리하다. 다다미방의 장지문을 열면 홀과 한 공간으로 이어져 고급스러운 느낌의 접객실로 변한다.

이 집은 **깃대 부지**(좁은 골목을 지나야 다다를 수 있는 대지. 깃대에 해당하는 골목과 깃발 형상의 네모난 땅의 조합을 일컬음)에서 차 돌릴 방법을 찾다가 1층에 넓은 테라스를 만들었다. 테라스는 격자문을 설치해 방범성을 높였다. 덕분에 아이들의 놀이 공간으로도 안심이다. 다실로 사용하는 다다미방은 현관홀과 하나로 이어진다. 내부는 비일상적인 터치로 꾸몄다. 안방 바로 옆으로 서재를 배치했고, 드레스룸과 슈즈룸을 나란히 두었다.

격자문 안의 넓은 테라스는 아이들의 놀이터

외부와 단차 없이 테라스를 만들어서 차를 돌릴 때 격자문을 활짝 열어 사용한다. 격자문을 닫아 놓으면 아이들의 안전한 놀이터가 된다.

팬트리　다용도실

루프 테라스
〈7㎡〉

아이 방
(15㎡)

LDK(42㎡)

DN

보이드

루프 테라스
(16㎡)

2F

둘로 나눌 수 있는 아이 방
벽면에 설치한 수납장은 가동식이다. 이것을 방 가운데로 옮기고 미닫이문을 닫으면 방이 2개로 분할된다.

다락 수납이 딸린 개방형 주방
천장은 가장 높은 곳이 4.8m이다. 수납이 많았으면 좋겠다는 주문에 따라 주방 상부에는 다락 수납을 설치했다. 손님 초대가 잦은 집인 만큼 개방형 대면 주방으로 설계했다.

2개의 루프 테라스와 보이드의 창으로 보는 하늘

보이드와 창이 있는 거실을 중심으로 양쪽에 화장실과 아이 방을 배치했다. 주방, 팬트리, 다용도실, 세탁물을 말리는 루프 테라스를 한곳에 모아서 가사 동선을 줄였다. 아이 방은 방을 2개로 나눌 수 있도록 미닫이문을 달았다.

DATA
소재지 : 도쿄 도
대지 면적 : 210.61㎡ (63.71평)
연면적 : 170.77㎡ (51.66평)
구조 : 목조
규모 : 지상 2층

ARCHITECT
가시와기 마나부, 가시와기 호나미/
가시와기 스이 어소시에이션
Tel : 042-489-1363 (도쿄 도)

한 집에 오래 살고 싶다

104

부정형의 협소한 대지에 여유로운 공간 배치

안방에 공간을 확보해 아이 방으로

안뜰 옆에 있는 안방. 아이 방이 하나 더 필요해지면 드레스룸 쪽에 칸막이벽을 설치해서 아이에게 공간을 나눠줄 예정이다.

밝은 분위기의 계단실과 현관

철골로 된 나선 계단을 놓아 현관 공간이 여유롭다. 보이드가 계단실을 겸하고 있어서 위층에서 빛이 잘 든다.

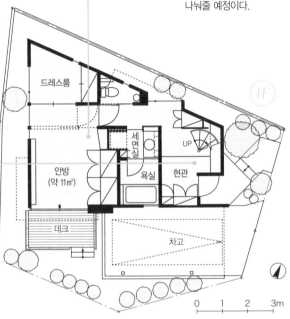

드레스룸

세면실

욕실

UP

안방 (약 11㎡)

현관

데크

차고

0 1 2 3m

좁은 느낌이 들지 않게 열린 공간으로 조성

LDK의 넓이는 21㎡로 그렇게 넓지 않다. 천장 높이에 변화를 주거나 돌출창을 달아서 실제 면적보다 넓게 느껴지도록 했다. 냉온방의 효율을 생각해서 LDK와 계단실 사이에 유리 파티션을 설치했다. 덕분에 시선이 트이고 빛도 아래층까지 잘 든다.

전면 도로가 있는 남쪽에 주차장을 배치했다. 현관홀을 계단실과 이어서 공간에 여유가 생겼다. 안방 앞에는 강이 내다보이는 데크를 설치해 세탁물을 건조하는 공간으로도 쓴다. 추후에 드레스룸을 확장하고 칸막이벽을 설치해 아이 방을 만들어 줄 생각이다.

향후 서재로 꾸밀 아이 방

6㎡ 넓이의 아이 방에는 맞춤형 가구를 설치해서 기능적으로 꾸몄다. 향후에 서재로 쓸 수 있도록 인테리어는 심플하게 마감했다. 슬릿창은 달아 채광과 함께 벽면을 멋스럽게 장식했다.

공간 배치 포인트
돌출창과 발코니를 설치해 조망을 확보

거실 구석에 돌출창을 설치해 바깥 경치가 보이도록 했다. 남쪽에 있는 차고 상부에는 발코니를 설치했다. 비좁은 용적률을 만회하면서 여유 공간을 확보한 설계다. 대지 형태를 반영한 건물의 예각 부분까지 실용적으로 활용했다.

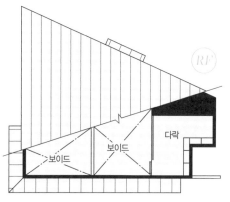

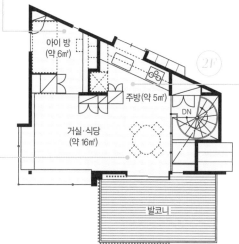

아이 방
(약 6㎡)

주방(약 5㎡)

DN

거실·식당
(약 16㎡)

발코니

2F

조리 도구로 포인트를 준 화이트 주방

주방은 거실의 비스듬한 면에 배치했다. 깊이가 충분해서 사용이 편리한 주방이 되었다. 수납도 충분히 마련했다. 컬러풀한 조리 도구가 화이트 주방에 포인트가 되어 준다.

DATA
소재지 : 도쿄 도
대지 면적 : 90.49㎡ (27.37평)
연면적 : 66.76㎡ (20.19평)
구조 : 목조재래공법
규모 : 지상 2층

ARCHITECT
다카노 야쓰미쓰/
유쿠칸 설계실
Tel : 03-3301-7205 (도쿄 도)

105

자연스러운
공간 구분으로
변화를 수용하는 집

청결한 화이트 욕실

투명 유리 파티션을 설치해서
세면실과 이어지는 듯한 느낌을
줬다. 몸과 마음이 모두 편안해
지는 산뜻한 공간이다.

사다리꼴의 거실

사다리꼴의 좁고 긴
거실에는 가구를 놓아
서 공간을 구분했다.

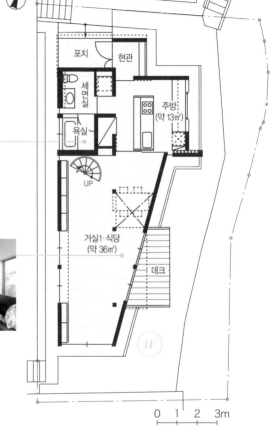

방과 방의 연결성에 신경 쓰는 집주인을 배려
해 아이 방, 안방, 거실2, 서재에 모두 미닫
이문을 달았다. 문을 열면 서로 통한다. 침실과 아
이 방 사이에는 문을 설치해 필요에 따라서 드나들
수 있도록 만들었다. 계단홀은 제2의 거실로 사용
하고 데크 건너편으로 독립된 서재를 배치했다.

**미닫이문으로 공간의
개폐를 조절**

집주인의 요청에 따라 침실 벽 일부를 유리로 마감했다. 미닫이문을 열면 아이 방과 거실로 연결된다.

아이 방
(약 10㎡)

침실
(약 9㎡)

DN

거실2
(약 10㎡)

보이드

테라스

서재(약 5㎡)

2F

**고지대라는 이점을
이용한 테라스**

테라스로 나오면 탁 트인 풍경이 펼쳐진다. 서재가 마주보고 있어서 테라스도 또 하나의 방처럼 느껴진다. 아이들의 놀이 공간으로도 충분한 넓이다.

2인용 책상이 놓인 아이 방

아이 방에는 맞춤형 카운터 책상을 놓았다. 책상 한가운데 파티션을 설치할 수도 있다.

주변 환경을 살린
개방성 높은 공간 배치

대지의 형태를 살린 설계에 중점을 뒀다. 북쪽에는 화장실과 현관을 배치했고, 남쪽에는 거실을 배치했다. 동쪽과 남쪽은 절벽처럼 가팔라서 전망이 무척 좋다. 부모님 댁이 있는 서쪽을 포함해 삼면으로 넓은 창을 냈다. 원룸에 가까운 공간이지만 거실과 주방 사이에 미닫이문을 달아 공간을 둘로 나눌 수도 있다.

DATA

소재지 : 가나가와 현
대지 면적 : 265.00㎡ (80.16평)
연면적 : 104.71㎡ (31.67평)
구조 : 목조
규모 : 지상 2층

ARCHITECT

아라키 다케시/
아라키 다케시 건축사무소
Tel : 03-3318-2671 (도쿄 도)

한 집에 오래 살고 싶다

106

살수록 편안하고 아늑한 집

풍부한 수납으로 깔끔하게, 쪽창을 달아 쾌적하게
침실에는 3㎡ 넓이의 수납방이 있다. 사진 왼쪽에 보이는 벽면에도 수납공간을 만들었다. 침대 머리맡 위에는 쪽창을 달아서 한여름에 열어 놓으면 쾌적하게 잘 수 있다.

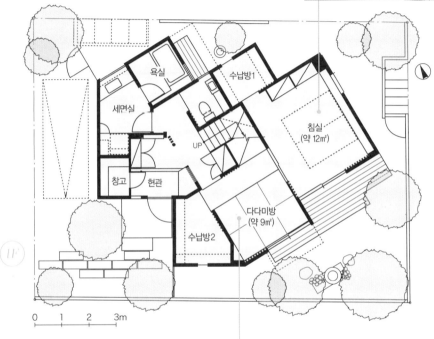

- 욕실
- 세면실
- 수납방1
- 침실 (약 12㎡)
- 창고
- 현관
- UP
- 다다미방 (약 9㎡)
- 수납방2

0 1 2 3m

현관을 열면 눈앞에 계단이 보여서 자연스럽게 2층으로 동선이 이어진다. 건물 중앙에 계단이 있어서 천창을 내서 채광을 한다. 침실은 다다미방 건너 안쪽에 배치했다. 수납공간이 많아서 정리가 편하다. 다다미방과 침실, 욕실과 마주한 안뜰에는 나무를 심어서 풍경을 아름답게 꾸몄다.

따뜻한 분위기로 꾸민 다다미방
전통 가옥 스타일의 공간이 있으면 좋겠다는 집주인의 요청에 따라 탄생한 다다미방. 손님용 침실로 쓸 때는 발을 친다. 벽면에 장식 코너를 만들고 조명을 매립해 정원에서 가져온 식물로 장식하기도 한다.

부부가 함께 요리할 수 있는 주방

부부가 함께 요리를 하는 일이 많아서 조리대를 넓게 만들었다. 기름 냄새를 신경 쓰지 않고 튀김 요리를 할 수 있도록 주방 입구에는 미닫이문을 달았다.

공간 배치 포인트
동선을 길게 늘여서 거리감을 만들다

이 집은 2층 중앙 계단을 감싸 도는 긴 동선이 특징이다. 재택근무를 하는 부부의 작업 공간인 두 곳의 서재는 떨어뜨려 배치해 독립성을 확보했다. 통일성이 있으면서도 개성 강한 방들을 회유하는 동선에 자연스럽게 배치했다.

서재1 (약 8㎡)

서재2

거실(약 13㎡)

주방(약 7㎡)

DN

식당 (약 13㎡)

2F

식당은 거실과 분리해 아늑한 공간으로

아침에 여유롭게 신문을 읽거나 식사 후에도 오래 머물고 싶을 정도로 편안한 식당으로 꾸몄다. 식당과 거실의 적절한 분리감이 두 공간에 아늑함을 더한다.

거실은 집 가장 안쪽에 배치

마루를 한 단 낮게 만든 거실은 식당을 통해서 들어간다. 회유 동선으로 설계해서 공간에 깊이와 원근감이 느껴진다. 소파에서 쉴 때의 낮은 시선을 생각해서 천장 높이도 그에 맞춰 낮췄다.

DATA

소재지 : 가나가와 현
대지 면적 : 135.88㎡ (41.10평)
연면적 : 106.16㎡ (32.11평)
구조 : 목조
규모 : 지상 2층

ARCHITECT

구마자와 야스코/
구마자와 야스코 건축설계실
Tel : 03-3247-6017 (도쿄 도)

107

가족 구성원의 변화에
대응하는 집

보이드와 안뜰이 있어
종횡으로 트인 실내

넓찍한 보이드가 있는 주방과 식
당은 반 층 위에 있는 거실과 적
당한 거리를 유지하고 있다. 안
뜰 너머로 아이 방이 보인다.

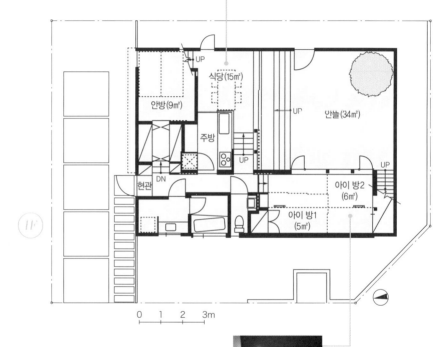

식당(15㎡)

안방(9㎡)

주방

안뜰(34㎡)

UP

UP

현관

DN

아이 방2
(6㎡)

아이 방1
(5㎡)

0 1 2 3m

1F

오랫동안 쓸 수 있는
공간으로 꾸미다

아이가 독립한 뒤에도 다양
한 용도로 쓸 수 있도록 심
플하게 꾸민 아이 방. 칸막
이 레일을 달아서 공간을
나눌 수 있다.

커다란 안뜰로 시원하게 조망을 확보한 설계다.
안뜰 쪽으로는 전면 통유리로 마감해 주거 공간
의 개방성을 한껏 높였다. 안뜰을 사이에 끼고 LDK와
아이 방을 배치했다. 스킵플로어의 단차를 이용해서
안방과 주방에 대용량 마루 밑 수납장을 설치했다. 덕
분에 실내가 말끔하게 정리됐다.

두둥실 떠 있는 귀여운 원형 천창

짙은 푸른 달처럼 떠 있는 천창은 개폐식이어서 환기가 가능해 무척 실용적이다. 또한 모던한 거실에 귀여운 느낌을 더하고 있다. AV기기 등을 수납한 맞춤형 수납장도 바닥에서 살짝 띄워 가벼운 느낌으로 제작했다.

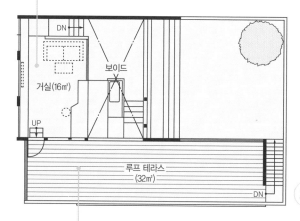

DN
보이드
거실(16㎡)
UP
루프 테라스
(32㎡)
DN
2F

자유자재로 쓰는 루프 테라스

세탁물을 건조할 베란다가 필요하다는 안주인의 요구로 널따란 루프 테라스를 조성했다. 거실에서 드나들 수 있어 가사에 편리하며, 여름이 되면 간이 풀을 설치해서 아이들의 물놀이장으로 쓰기도 한다. 남동쪽으로 펼쳐지는 경치도 그만이다.

공간 배치 포인트
실내와 옥외의 회유 동선이 여유로움을 만들다

식당보다 반 층 위에 있는 거실은 보이드를 통해 안뜰까지 시선이 이어져 실제 면적보다 더 넓게 느껴진다. 외부로는 넓은 루프 테라스를 통해 다시 안뜰로 연결된다. 실내와 옥외를 회유하는 구조로 동선이 느슨하다.

DATA
소재지 : 이바라키 현
대지 면적 : 213.00㎡ (64.43평)
연면적 : 80.56㎡ (24.37평)
구조 : 목조
규모 : 지상 2층

ARCHITECT
가시와기 마나부, 가시와기 호나미/
가시와기 스이 어소시에이션
Tel : 042-489-1363 (도쿄 도)

108

공간 변경에 대비한 2세대 주택

3층에는 안방과 아이 방을 배치했다. 정면의 검은 수납장은 탈착식이다. 아이가 독립하면 수납장 위치를 옮겨 안방을 넓게 쓰는 등 삶의 변화에 대응해 구조 변경이 가능하도록 설계했다.

목조와 창호를 써서 구조 변경이 쉽게

1층은 부모 세대가 사는 원룸 공간이며 미닫이문으로 공간을 나눴다. 목조 벽과 창호를 써서 구조 변경이 쉽다.

완전독립형 2세대 주택

대문, 진입로, 현관을 시작으로 모든 공간이 독립되어 있는 2세대 주택이다.

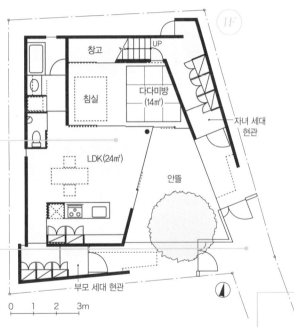

창고
UP
침실
다다미방 (14㎡)
자녀 세대 현관
LDK(24㎡)
안뜰
부모 세대 현관
0 1 2 3m

자 녀 세대의 생활공간인 2층 LDK 공간을 크게 만들어서 오래 살더라도 생활에 불편함이 없도록 했다. 남동쪽 사면에는 대형 창과 보이드가 있고, 바깥 발코니와 안뜰로 이어지는 공간이 LDK의 개방성을 높인다. 통창을 통해 안뜰에서 빛과 바람이 들어온다.

천장 높이 변화로 분위기를 다르게

2층 거실에 보이드가 있는 것과는 달리, 식당과 주방의 천장 높이는 낮춰서 안락한 느낌으로 꾸몄다. 주방 뒤쪽으로 냉장고와 가전, 식기 등을 수납하는 맞춤형 수납장을 짜 넣었다.

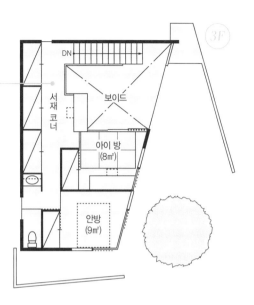

DN

서재 코너

보이드

아이 방
(8㎡)

안방
(9㎡)

3F

공간 배치 포인트
사다리꼴 안뜰과 기능성을 강조한 부모 세대 공간

건물 전체의 채광을 위해서 사다리꼴의 안뜰을 조성했고, 북쪽과 남쪽에 건물을 감싸는 2개의 벽을 설치했다. 부모님이 사는 1층은 안뜰과 가까운 원룸 공간으로 지하에 추가 수납을 만들어 기능성을 높였다.

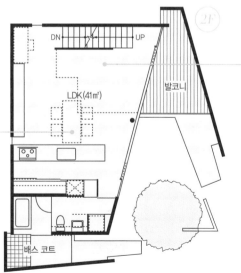

DN   UP

LDK (41㎡)

발코니

배스 코트

2F

생활의 중심 공간인 거실을 넓게 조성

자녀 세대의 거실과 식당이다. 방 크기를 줄이고 거실 크기를 최대한 넓게 만들었다.

DATA

소재지 : 도쿄 도
대지 면적 : 136.23㎡ (41.21평)
연면적 : 148.73㎡ (44.99평)
구조 : 철근콘크리트조
규모 : 지상 3층

ARCHITECT

쇼지 히로시/
쇼지 히로시 건축설계사무소
Tel : 03-3770-3557 (도쿄 도)

237

109

생활 변화에
대응하는
'상자 속 상자'

현관을 열고 들어오면 넓은 홀이 있다. 통로와 홀 사이에는 유리 파티션을 설치했다. 격자문을 통해 현관홀로 들어오는 빛은 통로까지 이어진다. 식당 바로 앞에는 세면대를 설치해서 청결을 유지한다.

**천장 높이를 각각 다르게 해서
거실의 개방성을 강조**

천장 높이가 낮은 식당에서 거실을 올려다보면, 그 차이가 두드러져 보인다. 남쪽에 있는 안뜰에서는 계절에 관계없이 항상 밝은 빛이 들어온다.

침실
(약 8㎡)

붙박이장

현관

통로

DN

현관홀

붙박이장

UP

UP

UP

거실
(약 19㎡)

식당

주차장

안뜰

주방

거 실과 연결되는 2층의 프리룸은 향후 커튼 등을 이용해서 나눌 생각이다. 또 프리룸 위에 살짝 떠 있는 흰 상자형 공간은 예비실로, 이곳은 아이 방으로 쓸 예정이다. 예비실은 남쪽으로 이어지며, 안뜰과 접하는 가장 안쪽 공간을 욕실로 만들었다. 욕실은 빛과 바람이 잘 들어 쾌적하다.

**안뜰과 가까워
밝고 쾌적한 주방**

주방은 독립된 밀폐 구조지만, 안뜰과 가깝고 전면 창을 채용해 밝고 쾌적하다. 안뜰 너머로 거실의 모습이 보인다.

거실과 연결되는 프리룸

거실에서 반 층 오르면 나오는 프리룸. 앞으로 가족 구성원이 늘면 방으로 쓸 예정이다. 단차 덕분에 거실과는 다른 분위기의 공간이 되었다.

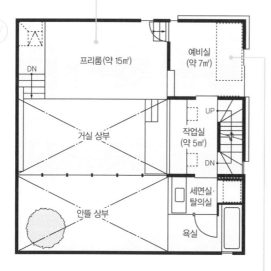

2F

프리룸(약 15㎡)

예비실 (약 7㎡)

DN

거실 상부

UP

작업실 (약 5㎡)

DN

안뜰 상부

세면실·탈의실

욕실

공중에 뜬 제2의 개인 공간

공중에 뜬 흰 상자형 공간은 제2의 개인 공간이다. 1층 침실을 빼고 완전히 독립된 공간은 이곳 하나다. 천장 아래로 슬릿창을 내서 새어드는 자연광이 은은한 분위기를 만든다.

상자를 조합해 만든 유니크한 스킵플로어

이 집은 스킵플로어를 채용했다. 실내에 배치한 '상자'의 높이 차가 그대로 단차가 되었다. 현관 바로 오른쪽은 마루를 30cm 정도 낮춰서 침실로 쓰고 있다. 식당에서 반 층 위에 거실이 있다. 여기서 반 층을 더 오르면 침실 상부에 프리룸이 있다. 계단을 공간의 일부로 만들어서 한정된 면적을 넓게 썼다.

DATA
소재지 : 도쿄 도
대지 면적 : 106.24㎡ (32.14평)
연면적 : 91.91㎡ (27.80평)
구조 : 목조
규모 : 지상 2층

ARCHITECT
가시와기 마나부, 가시와기 호나미/ 가시와기 스이 어소시에이션
Tel : 042-489-1363 (도쿄 도)

한 집에 오래 살고 싶다

10장

자연친화적으로
살고 싶다

집으로 들어오는 태양과 바람을 조절해서 전열비를 아끼는 패시브하우스와 같은 사례를 소개한다. 단열에 신경을 쓰고, 난방설비 및 태양광 발전 등을 도입해서 여름에는 시원하고 겨울에는 따뜻하게 지낼 수 있는 자연친화적인 주택으로 꾸며 보자.

자연친화적으로 살고 싶다

외단열과
태양광 발전으로
방을 쾌적하게

개방성 좋은 LDK

LDK의 넓이는 약 26㎡ 정도
로 그렇게 넓지 않으나, 개
방형 아일랜드 주방과 맞춤
형 가구를 설치해 열린 공간
으로 만들었다.

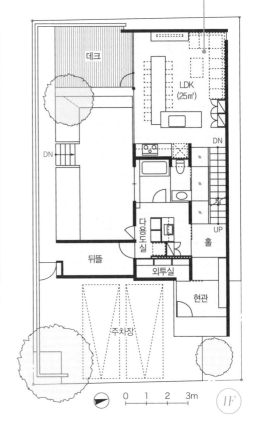

**실온이 유지되는
지하에 침실을 배치**

쾌적한 지하실에 침실을
배치했다. 상부가 지상에
노출되어 있어 자연광과
바람이 잘 든다.

피트 공간(12㎡)

침실1(14㎡)

UP 중정 홀

침실2(10㎡)

빗물
탱크

UP

드레스룸

BF

데크

LDK
(25㎡)

DN

DN

다
용
도
실 UP

뒤뜰 홀

외투실

현관

주차장

0 1 2 3m

1F

철근콘크리트조 건물의 바깥쪽을 단열재로 감싸는
외단열 공법을 채용했다. 덕분에 열을 축적하는
콘크리트의 특성을 살리고 냉난방에 드는 에너지가 줄
었다. 동절기에는 직사광선을 받아서 벽과 마루를 덥히
는 난방 효과도 있다. 옥상에는 태양광 전지 패널을 설
치해서 전기세를 파격적으로 낮췄다. 여름에 시원하고
겨울에는 따뜻한 지하에 침실을 배치했다.

**거실과 통하는 곳에
공부방을 배치**

거실 보이드에 가까운 곳을 공부방으로 만들었다. 여러 명이 함께 공부할 수 있게 커다란 책상을 놓았다. 보이드가 가까워서 아래층에 있는 가족들과의 대화도 가능하다.

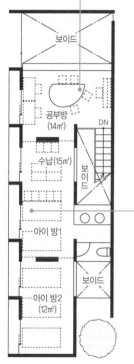

2F

보이드

공부방
(14㎡)

DN

수납 (15㎡)

보이드

아이 방1

보이드

아이 방2
(12㎡)

가족 수 변화에 대비한 아이 방

동서로 긴 아이 방. 가구의 위치를 자유자재로 바꿀 수 있다. 앞으로 여분의 방이 필요해지면 칸막이벽을 늘려서 최대 5개의 공간으로 나눌 수 있다. 이에 맞춰 2층에는 같은 모양의 창을 5개 설치했다.

**빛과 바람이 잘 드는
대가족의 3층 주택**

까다로운 건축 조건과 9인 가족임을 감안해서 지하층을 포함해 3층 구조로 만들었다. 조용하고 실온이 항상 유지되는 지하에 침실을 배치했다. 1층에는 화장실과 LDK가 있고, 유리를 많이 채용해 넓고 밝게 보이도록 공간을 조성했다. 아이들의 공간인 3층은 보이드 가까운 곳에 공부방을 만들었다.

자연친화적으로 살고 싶다

DATA
소재지 : 도쿄 도
대지 면적 : 171.51㎡ (51.88평)
연면적 : 163.95㎡ (49.59평)
구조 : 철근콘크리트조
규모 : 지하 1층 + 지상 2층

ARCHITECT
쇼지 히로시/
쇼지 히로시 건축설계사무소
Tel : 03-3770-3557 (도쿄 도)

243

111

겨울에는 장작 스토브,
여름에는 바람의 흐름

셰이커 스타일의 장작 스토브
북쪽 데크에서 거실과 식당을 바라본 모습이다. 20㎡라고는 느껴지지 않을 만큼 공간이 넓어 보인다. 간결한 디자인의 장작 스토브는 나가노에 있는 산린샤(山林舍) 공방의 제품이다.

긴 데크로 이어지는 진입로
조망 좋은 대지 북쪽에 집을 배치한 뒤, 집으로 이어지는 진입로를 만들었다. 활짝 열어 놓은 현관 너머로 신록이 보인다.

창의 크기와 배치에 신경을 써서 에어컨 없이 여름을 난다. 장작 스토브 위에 보이드를 두어서 2층 전체로 온기가 퍼지도록 만들었다. 또 공기를 효율적으로 순환시켜주는 공기 순환 시스템을 채용했다. 이 설비만으로 겨울에는 2층의 온기를 1층 마루로 내리고, 여름에는 1층의 시원한 바람을 2층으로 올린다.

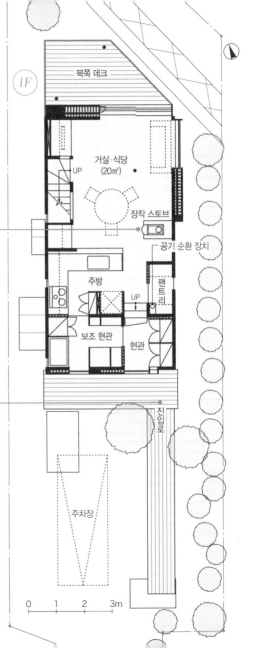

1F

북쪽 데크

거실·식당
(20㎡)

UP

장작 스토브

공기 순환 장치

주방

팬트리

UP

보조 현관

현관

진입로

주차장

0 1 2 3m

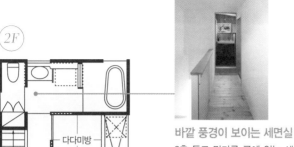

(2F)

다다미방

홀

보이드

DN

드레스룸

안방(16㎡)

공기 순환 장치

건조실

서재

바깥 풍경이 보이는 세면실
2층 통로 막다른 곳에 있는 세면실. 창을 통해서 바깥의 풍경이 보인다. 세면대 앞에 창을 내서 필요할 때만 쓸 수 있는 이동식 거울을 설치했다.

드레스룸과 서재가 있는 안방
안방에는 붙박이장과 수납 선반으로 드레스룸을 꾸몄다. 세로 격자로 된 부분은 1층 마루 밑을 연결하는 공기 순환 장치가 있는 곳이다. 집주인의 생활 패턴을 고려해 서재도 안방 가까이 배치했다.

빛과 바람이 잘 드는 건조실
꽃가루 알레르기가 있는 안주인을 위해서 남쪽 양지바른 곳에 건조실을 만들었다. 마루는 물에 강한 모자이크 타일로 마감하고, 벽과 천장에는 흡·방습성이 뛰어난 삼나무 판을 깔았다. 안방 수납장과 가까워서 사용이 무척 편하다.

공간 배치 포인트
좁아도 넉넉하고 편리한 공간 배치

조망 좋은 북쪽에 거실을 배치했고, 데크를 연결해 공간의 연속감을 강조했다. 바다에서 놀고 돌아오면 바로 씻을 수 있도록 보조 현관을 설계했다. 보조 현관은 출입문을 별도로 만들고 수납장과 샤워실도 설치했다. 회유 동선으로 주방, 현관과 연결된다. 2층에는 손님용으로 쓰는 작은 다다미방과 화장실, 침실을 배치했다.

DATA
소재지 : 가나가와 현
대지 면적 : 188.18㎡ (56.92평)
연면적 : 82.18㎡ (24.86평)
구조 : 목조
규모 : 지상 2층

ARCHITECT
이레이 사토시/
이레이 사토시 설계실
Tel : 03-3565-7344 (도쿄 도)

자연친화적으로 살고 싶다

245

112

중정과 창으로
빛과 바람을 조절

집 안이 한눈에 보이는 주방

거실과 중정 너머 방까지 보이는 주방. 아이들이 오가는 것을 살피기에 좋다.

중정이 보이는 현관

현관에 계단실을 두어 공간 활용도를 높였다. 현관문을 열고 들어가면 바로 뜰이 보인다. 정면으로 보이는 문 안쪽은 3㎡ 크기의 수납장이다. 계단 아래 공간도 수납으로 이용했다.

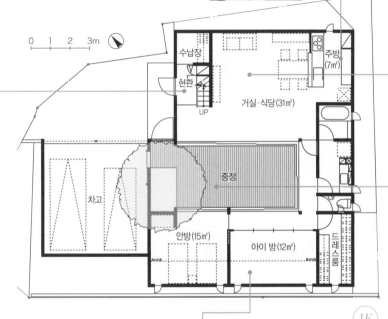

0 1 2 3m

수납장

현관

UP

주방 (7㎡)

거실·식당 (31㎡)

중정

차고

안방 (15㎡)

아이 방 (12㎡)

드레스룸

1F

중정을 향해 내려가는 경사지붕이 이 집의 특징이다. 다락을 만든 2층은 보이드를 통해 1층과 연결된다. 낮은 창에서 들어오는 공기가 높은 창으로 빠지도록 만들었다. 중정 쪽 처마를 짧게 만들어 겨울철에도 해가 잘 든다. 여름철에는 타프를 쳐서 직사광선을 막는다. 이를 위해 처마 아래 후크를 달았다.

공간을 자유롭게 나눌 수 있는 아이 방

아이 방은 2개의 방으로 나눌 수 있도록 만들었다. 수납공간인 다락이 딸려 있다. 장지문을 닫으면 독립 공간이 되고, 문을 열면 중정과 거실까지 이어지는 개방 공간이 된다.

중정과 이어지는 거실

들쑥날쑥한 천장 높이와 중
정과의 연결성이 눈에 띄는
LDK. 보이드를 통해 2층 작
업실과 연결된다. 나뭇결이
살아 있는 목재 소재가 고급
스럽고 차분한 느낌을 준다.

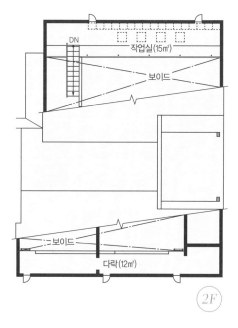

DN
작업실(15㎡)
보이드
보이드
다락(12㎡)

2F

맨발로 걷기 좋은 중정

중정 바닥에는 내구성 좋은 목재인
셀랑간바투를 깔아서 맨발로 걸을 수
있도록 만들었다. 심볼 트리인 노각
나무는 여름에 나무 그늘을 만들고,
겨울에는 낙엽이 져서 빛이 잘 든다.

공간 배치 포인트
가족 공간과 개인 공간을
나누고 안뜰로 연결하다

집을 코트하우스로 만들어서 대지 남쪽
에 있는 바깥 시선을 차단했다. 외벽은
작은 창만 내서 차분한 느낌으로 마감했
다. 반면 중정 쪽으로는 뜰을 감싸듯 크
게 창을 냈다. 중정 북쪽에는 LDK와 현
관을 뒀고, 남쪽에는 방들을 배치해서 가
족 공간과 개인 공간을 확실히 나눴다.

DATA

소재지 : 가나가와 현
대지 면적 : 260.81㎡ (78.90평)
연면적 : 158.14㎡ (47.84평)
구조 : 목조
규모 : 지상 2층

ARCHITECT

스기우라 에이치/
스기우라 에이치 건축설계사무소
Tel : 03-3562-0309 (도쿄 도)

자연친화적으로 살고 싶다

중정을 통해 실내로 드나드는 빛과 바람
LDK의 채광을 위해 북쪽에 중정을 배치했다. 거실창을 통해 빛과 바람을 현관홀로 연결했다.

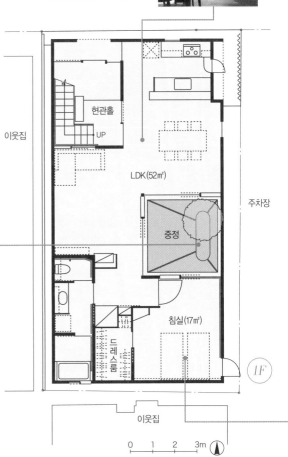

113

중정 보이드로 들어오는 빛과 바람을 살리다

중정은 이중창으로 단열
중정을 감싸는 창은 고정식이고, 문은 목재 창호를 채용했다. 대형 통창이 있는 1층에는 실내와 실외 모두 이중창을 설치해 단열 효과를 높였다. 1층 외부와 2층에는 단열재가 들어간 단열 창호를 썼다.

외벽 창은 줄이고, 주변의 영향이 적은 북쪽으로 공간을 열었다. 거실에는 위로 트인 중정을 배치했다. 뜰에서 들어오는 빛과 바람이 수직창으로 빠져나간다. 2층 테라스도 같은 역할을 한다. 통풍용 쪽창과 내창, 중정과 가까운 목재 창호로 실내의 온기가 빠져 나가는 것을 막는다.

건물을 관통하는 빛과 바람의 길

계단실과 이어지는 현관홀의 보이드. 거실 쪽을 바라보면 안뜰에서 들어오는 빛이 보인다. 곳곳에 설치한 창을 통해 빛과 바람의 길을 만들었다.

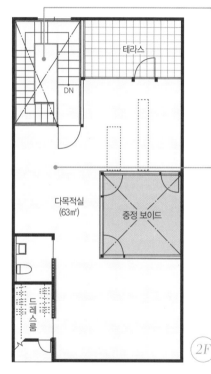

테라스

DN

다목적실
(63㎡)

중정 보이드

드레스룸

2F

향후를 생각한 다목적 공간

2층은 현재 다목적실이다. 향후 치과 건물로 쓸 경우 진료실로 사용할 예정이다. 현재의 드레스룸을 화장실로 쓸 수 있도록 배수 설비도 갖춰 놓았다.

침실은 직사광선을 피해서 중정 남쪽에 배치

침실은 뜰 남쪽에 배치했다. 덕분에 빛이 은은하게 들어 기분 좋게 아침을 맞는다. 미닫이문 안쪽은 드레스룸이다.

중정이 만드는 잘록한 공간

건물 동쪽 중앙에 위치한 중정이 직사각형 구조에 잘록한 공간을 만들었다. 뜰과 가까운 1층 식당과 거실이 이 잘록한 공간에 의해 부드럽게 나뉘며, 원룸 공간을 부드럽게 변형시킨다. 중정과 가까운 2층의 세 공간은 앞으로 진료실과 대기실, 사무실로 쓸 예정이다.

자연친화적으로 살고 싶다

DATA

소재지 : 가나가와 현
대지 면적 : 140.94㎡ (42.63평)
연면적 : 199.33㎡ (60.30평)
구조 : 철골조
규모 : 지상 2층

ARCHITECT

나가사카 다이/
Méga
Tel : 075-712-8446 (교토 부)

사람도 공기도 부드럽게 통과하다

보이드가 있는 계단홀을 집 중심에 배치해서 바람길로 쓴다. 오른쪽 벽에 보이는 콘크리트대는 반지하 침실과 2층 LDK 사이에 낀 중간층 마루. 열을 모으는 축열재이기도 해서 콘크리트대 위쪽 틈으로 온기와 냉기가 흘러나온다.

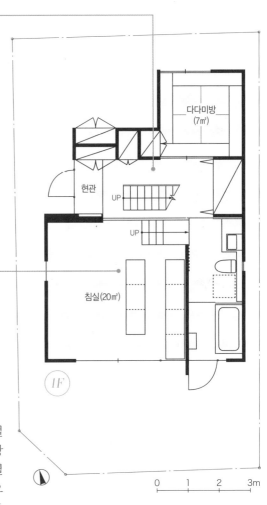

🏠 114

바람의 흐름과
실내 온도를
자연스럽게 조절

**늘 일정한 실온을
유지하는 반지하 침실**

실온 유지를 위해 침실은 반지하로 설계했다. 침실과 계단홀 사이의 벽은 탈착이 가능하다. 여름에 통풍을 책임지는 작은 여닫이문도 설치했다.

다다미방
(7㎡)

현관

UP

UP

침실(20㎡)

1F

0 1 2 3m

바 람의 흐름을 겨울과 여름, 낮과 밤으로 나눠 조절한다. 겨울 낮 동안은 남쪽의 커다란 창으로 채광을 한다. 겨울밤에는 한낮 동안 단열 새시에 모인 태양열로 실온을 유지한다. 여름 낮에는 대나무 숲에서 불어오는 서늘한 공기를 연무로 분사해서 냉방을 한다. 또 2층의 버터플라이형 지붕이 상부의 열기를 분산시킨다.

통풍이 좋아지는 공간 배치

2층에는 LDK와 아이 방이 있다. 천장의 서까래는 집 중심에 있는 계단 홀에서 천장의 경사를 따라 바람이 불어오는 방향에 있다.

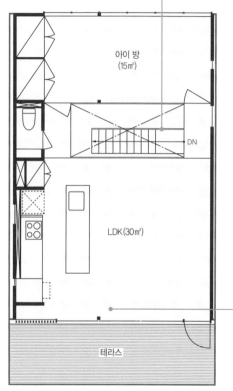

아이 방
(15㎡)

DN

LDK(30㎡)

테라스

2F

단열재로 감싼 미닫이문

겨울에는 플라스틱 재질의 패널을 창호지로 마감한 단열 미닫이문이 열을 차단한다. 낮 동안은 단열재에 모아둔 태양열로 실온을 유지한다.

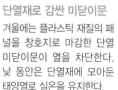

공간 배치 포인트

생활의 변화에 대응하는 유연한 공간 배치

실온 유지와 공간 확보를 위해서 1층 침실을 반지하로 만들었다. 침실과 2층 LDK 사이에 있는 중간층은 축열식 냉난방 기능이 있는 설비 공간과 수납으로 이용했다. LDK는 채광 등을 고려해 2층에 조성하고, LDK와 아이 방은 접이문으로 공간을 나눠 활용도를 높였다.

DATA

소재지 : 도쿄 도
대지 면적 : 105.62㎡ (31.95평)
연면적 : 84.44㎡ (25.54평)
구조 : 목조＋철근콘크리트조
규모 : 지하 1층＋지상 2층

ARCHITECT

니헤이 와타루, 야마다 히로유키／
팀 로우 에너지하우스 프로젝트
Tel : 03-5790-9920 (도쿄 도)

자연친화적으로 살고 싶다

11장

적절한 비용으로
괜찮은 집에 살고 싶다

내 집을 짓는 일은 말처럼 쉽지만은 않다. 이것저것 알아보다 보면 하고 싶은 게 많아져서 예산과 본인의 이상을 맞추는 데 어려움을 겪기도 한다. 이 장에서는 생활 패턴에 맞는 이상적 공간 배치를 실현하는 동시에 비용도 아끼는 방법을 알아본다.

적절한 비용으로 괜찮은 집에 살고 싶다

**아이 방은 칸막이벽도
수납장도 없이 심플하게**

두 아이가 쓰는 방은 마루 밑 수
납방을 이용해서 물건을 최대한
줄였다. 사용이 편한 오픈형 옷장
이 파티션 역할을 대신한다.

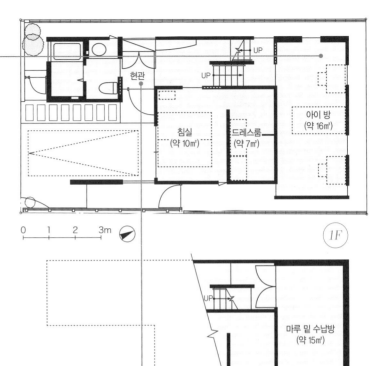

현관

침실
(약 10㎡)

드레스룸
(약 7㎡)

아이 방
(약 16㎡)

UP

0 1 2 3m

1F

마루 밑 수납방
(약 15㎡)

UP

BF

🏠 115

거주자 친화적인
심플&내추럴 주택

좁은 대지를 효율적으로 쓰기 위해
통로 면적을 최대한 줄였다. 방 크
기를 줄이는 대신 LDK에 공간을 많이 할
애했다. 또 스킵플로어를 채택해 반 층씩
4개의 마루를 쌓았다. 이와 같은 단차로
각 층을 이어서 공간감을 만들어 냈다.

**유연한 발상으로 실현한
설계 아이디어**

현관홀을 건너 화장실로 들어가는 드
문 동선을 집주인은 흔쾌히 수용했다.
변기와 세면대를 한 곳에 두는 등 좁
은 대지를 효율적으로 쓰기 위한 아이
디어가 곳곳에서 엿보인다.

다다미방을 가사 동선에 넣어서 활용

손님방으로 사용하는 다다미방을 일상적으로 쓰기 위한 방법을 생각하다가 다다미방 옆에 세탁물 건조 공간을 만들었다. 창 밖에서 세탁물을 말리고 이곳에서 정리한다.

쾌적함을 우선한 실용적인 공간 배치

3층으로 건물로 짓지 않고 2층으로 지어서 공사비를 절약했다. 또 스킵플로어 채용으로 생긴 마루 밑 수납방 덕분에 맞춤형 가구의 수도 최소한으로 줄였다. 창호도 많이 달지 않았고 주방이나 화장실 등 물을 쓰는 시설을 위아래로 한데 모아서 상하수도와 가스 배관의 길이를 단축시켰다.

주방(약 14㎡)

발코니

DN

UP

서재 코너

거실·식당 (약 27㎡)

다다미방(약 7㎡)

2F

밝고 청결한 역ㄷ자 형태의 주방

동선이 짧아서 사용이 편리한 역ㄷ자 주방. 조리대의 스테인리스 상판은 특수 제작했고, 나머지 주방 가구는 현장에서 직접 만들었다.

집에서 가장 넉넉한 공간을 할애한 거실

좁은 방과는 대조적으로 여유가 있는 거실과 식당 공간. 맞춤형 가구 대신 이전부터 쓰던 손때 묻은 가구를 센스 있게 배치했다. 벽과 천장에는 회벽 느낌으로 페인트 마감했다.

DATA

소재지 : 가나가와 현
대지 면적 : 96.02㎡ (29.05평)
연면적 : 111.08㎡ (33.60평)
구조 : 목조
규모 : 지상 2층

ARCHITECT

아케노 다케시, 아케노 미사코/
아케노 설계실 1급 건축사사무소
Tel : 044-952-9559 (가나가와 현)

255

상자형 공간을 통한 실내 변화가 다채로운 집

심플한 상자형 주택의 풍부한 공간 활용

위로 두둥실 떠 있는 듯한 상자형 공간이 LDK에 독특한 분위기를 자아낸다. 왼쪽으로 현관과 화장실이 있고 그 위는 작업실이다. 안쪽 거실 상부는 홈시어터 룸이다.

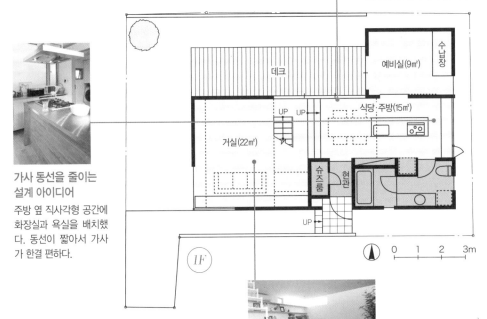

가사 동선을 줄이는 설계 아이디어

주방 옆 직사각형 공간에 화장실과 욕실을 배치했다. 동선이 짧아서 가사가 한결 편하다.

데크

예비실(9㎡)

수납장

식당·주방(15㎡)

거실(22㎡)

UP UP

슈즈룸

현관

UP

1F

0 1 2 3m

천장 높이를 낮춰서 안정감이 느껴지는 거실

식당과 주방보다 바닥을 낮춘 거실. 홈시어터 룸 아래에 있어서 천장이 낮아 안정감이 느껴진다.

거실 바닥을 낮춰서 공간의 분위기를 바꾼 LDK. 주방 가까이 화장실을 두어서 가사 동선을 짧게 만들었다. 아이 방과 수납방을 따로 마련하지 않고, 다목적으로 쓰는 작업실과 홈시어터 룸을 만들었다. 침실과 화장실은 직사각형 공간 안에 배치했다. 침실 옆으로 1층 LDK의 보이드가 있다.

테라스의 빛이 가득한 다락

2층 건물이지만 마루의 단을 여러 개로
설정했다. 현관 옆 상자 공간 위에 작업
실을 배치했고, 거기서 반 층 더 오르면
다락과 테라스가 나온다. 테라스에서
실내로 빛이 한껏 들어온다.

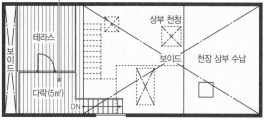

테라스
보이드
다락(5㎡)
DN
상부 천창
보이드
천장 상부 수납
(LOFT)

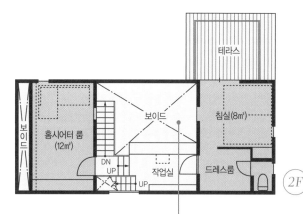

테라스
보이드
홈시어터 룸
(12㎡)
보이드
침실(8㎡)
DN
UP
작업실
드레스룸
UP
(2F)

빛이 잘 드는 보이드로
실내를 환하게

다락에서 바라본 거실의 모습. 집의 중
심에 위치한 사방 4.5m짜리 보이드는
모든 공간과 닿아 있다. 천창에서 쏟아
지는 빛이 온 집안을 환하게 한다.

공간 배치 포인트

공간을 다목적으로 이용해
비용을 최적화

마루 단차로 변화를 주고, 건물을 작게 지
어서 비용을 아꼈다. 다목적으로 쓰는 작
업실과 용도 변경이 가능한 홈시어터 룸
을 두었고, 용도가 한정되는 아이 방과 수
납방은 만들지 않았다. 욕실과 변기 등을
한데 몰아서 공간 효율을 높였고, 거실 마
감재를 통일해서 주방 공사를 목공에게
일괄로 맡기는 등 공사 항목을 줄였다.

DATA
소재지 : 도쿄 도
대지 면적 : 138.85㎡ (42.00평)
연면적 : 94.28㎡ (28.52평)
구조 : 목조
규모 : 지상 2층

ARCHITECT
쇼지 다케시/
쇼지 건축설계실
Tel : 03-6715-2455 (도쿄 도)

중정과 연결된 욕실

삼나무 욕조에 몸을 담그고 욕조 창을 바라보면, 마치 여관의 노천 온천에 있는 듯한 기분을 만끽할 수 있다.

차분한 분위기의 개방형 주방

목재로 마감한 주방은 실내와 차분히 조화를 이룬다. 식탁을 비스듬하게 디자인해 공간 활용도를 높였다.

🏠 *117*

전통식 가옥을 현대식으로 해석한 집

식당·주방(12㎡)

툇마루

툇마루

침실(6㎡)

현관

UP

UP

중정

차고

1F

중정을 감싸는 코트하우스로 일체형 차고를 채용했다. 주택을 2개 동으로 나눠서 바깥 통로로 연결하는 구조다. 다다미방과 세면실은 바깥 통로인 툇마루를 통해 바로 드나들 수 있다. 이 구조는 전통 가옥에서 힌트를 얻었다. LDK에는 보이드가 있다. 천장 높이를 각각 다르게 해서 공간에 변화를 줬다.

침실은 일상을 벗어난 느낌으로

침실이 있는 다다미방은 고작 5㎡의 좁은 공간이지만, 천장을 낮추고 뜰과 가까이 배치해서 쾌적하다. 아침마다 바깥 공기를 쐬는 생활이 무척 좋다고 집주인은 말한다.

독립성과 개방성을 겸비한 서재

거실이 내려다보이는 위치에 있는 서재. 적당히 구획되어 있어서 차분한 느낌이 든다. 휴일에 집주인이 가장 긴 시간을 보내는 곳이다.

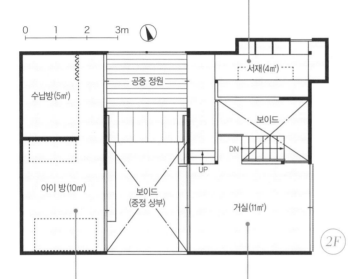

0 1 2 3m

수납방(5㎡)

공중 정원

서재(4㎡)

보이드

DN

UP

아이 방(10㎡)

보이드
(중정 상부)

거실(11㎡)

2F

수납방과 이어지는 아이 방

보이드를 끼고 있어서 옆 건물처럼 느껴지는 아이 방. 독립성 높은 공간으로 설계했다. 안쪽으로 들어가면 수납방이다.

경치가 좋은 좌식 거실

마루 단차를 두고 거실을 배치했다. 계단실에 블랙 파티션을 설치해서 단 아래에 있는 식당이 보일 듯 말 듯하다.

공간 배치 포인트
이상적 생활양식의 실현과 비용 절감을 생각하다

비용 때문에 포기한 부분은 별로 없다는 집주인. 설계자가 세세한 항목을 잘 조절해서 전체적으로 균형이 맞는 설계안을 제안했기 때문이다. 통로를 바깥에 두는 것처럼 전통 가옥에서 힌트를 얻어 기초와 시공 면적을 줄였고, 품삯과 재료비를 낮췄다.

DATA
소재지 : 가나가와 현
대지 면적 : 100,00㎡ (30.25평)
연면적 : 88,69㎡ (26,83평)
구조 : 목조
규모 : 지상 2층

ARCHITECT
기시모토 가즈히코/
acaa
Tel : 0467-57-2232 (가나가와 현)

259

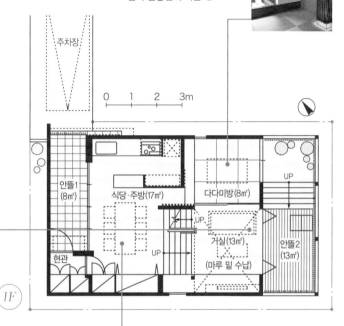
스킵플로어가 좁은 공간을 부드럽게 연결하다

고요한 분위기의 다다미방

통로에 흰 자갈을 깐 다다미방. 장지문 너머의 계단은 거실로 통한다. 오른쪽 아래의 맹장지 문을 열면 단차를 이용한 마루 밑 수납공간이 나온다.

세로 격자로 감싼 안뜰은 거실의 연장

거실 앞 안뜰은 데크를 깔고 목재 격자로 둘러싸 거실을 연장시켰다. 외부와 차단돼 안정감도 느껴진다. TV 뒷벽에는 벽지를 발라서 비용을 절감했다.

1층에는 식당과 거실 등 가족이 함께 사용하는 공간을 배치했고, 2층에는 방과 욕실 등 개인적인 공간을 배치했다. 동서쪽에 안뜰을 조성해서 채광과 통풍이 좋다. 계단을 거실 공간과 하나로 만들어서 면적을 아꼈다. 거실 마루 단을 반 층 올려서 마루 밑을 수납 공간으로 활용했다. 이 구조를 최상층까지 반복했다.

빛이 잘 들지 않는 공간도 쾌적하게

빛이 잘 들지 않는 식당은 안뜰의 반사광이 거실을 통해서 들도록 설계했다. 방과 같은 폭의 계단을 거실에 설치해 식당이 실제 면적보다 넓게 느껴진다.

다른 공간과 연결하여
공간감을 확보한 침실

최상층에 있는 침실의 넓이는 8㎡로 침대를
놓으면 방이 꽉 찬다. 하지만 다락, 아이 방
과 연결시켜서 생활하기에 충분하다.

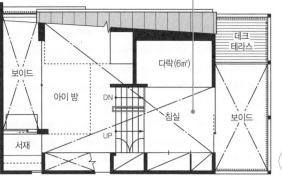

- 데크
- 테라스
- 보이드
- 다락(6㎡)
- 아이 방
- DN
- 침실
- 보이드
- UP
- 서재

2F
상부

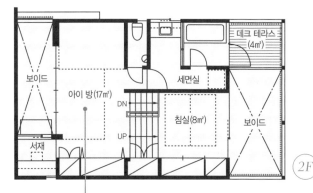

- 보이드
- 데크 테라스
  (4㎡)
- 아이 방(17㎡)
- 세면실
- DN
- 침실(8㎡)
- 보이드
- UP
- 서재

2F

가변성 있게 설계한 아이 방

16㎡ 넓이의 아이 방은 5㎡짜리
방 2개로 나눌 수 있다. 가변성
을 고려한 아이 방은 현재는 제
2의 거실로 쓰고 있다.

칸막이벽을 없애서
비용을 낮추다

공사 면적에 안뜰과 다락을 포함
한 것을 생각하면 공사비는 적당
했다. 스킵플로어 구조로 창호와
칸막이벽을 줄인 덕분에 비용을
더 아꼈다. 지붕에는 단열 패널
을 설치해서 단열성을 높이고 재
료비와 공사비를 낮췄다. 재료의
질을 쓰임에 따라 각기 다르게 해
전체 비용을 맞췄다.

DATA
소재지 : 도쿄 도
대지 면적 : 110.22㎡ (33.34평)
연면적 : 88.16㎡ (26.67평)
구조 : 목조
규모 : 지상 2층

ARCHITECT
가시와기 마나부, 가시와기 호나미/
가시와기 스이 어소시에이션
Tel : 042-489-1363 (도쿄 도)

적절한 비용으로 괜찮은 집에 살고 싶다

미닫이문으로 공간을 조절하는 침실

거실과 식당 옆에 있는 침실은 미닫이문을 열고 닫아서 개폐를 조절한다. 보통 밤에는 닫고 낮에는 절반 정도 열어 놓고 여유롭게 쓴다.

침실과 화장실 사이에 배치한 드레스룸

1층 침실과 화장실 사이 통로에 수납장을 짜 넣은 드레스룸을 배치했다.

🏠 *119*

그림이 가득한 미술관 같은 집

침실1(10㎡)

드레스룸

상부 천창

UP

현관

테라스

거실·식당(16㎡)

주방

1F

0 1 2 3m

공간을 다채롭게 만드는 천장고

2층 화실 일부가 보이는 거실과 식당은 천장 높이가 3.1m다. 주방 천장의 높이는 2.1m, 침실 천장의 높이는 2.4m다. 이처럼 천장고를 달리 하면 공간이 다채로워진다.

1층을 문턱 없는 공간으로 만들었다. 침실에서 화장실로 연결되는 통로에 배치한 드레스룸이 편리하다. 일상적으로 쓰는 수납장을 동선에 넣었고, 수납방은 2층 화실 옆에 따로 배치했다. 발코니와 가까운 2층 화실은 상자 모양의 '빛의 공간'이다. 실내창을 통해 아래층에 있는 거실과 현관까지 빛이 도달한다.

취미실을 유용하게 사용

커다란 전면창과 실내창 사이에 있는 2층 화실은 빛을 집안에 퍼뜨리는 역할을 하는 공간이다. 현재는 안주인의 침실도 겸하는 등 취미실을 넘어서 다목적으로 쓰고 있다.

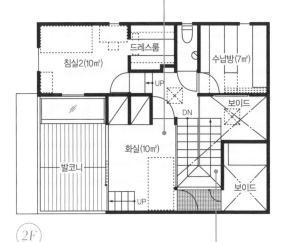

침실2(10㎡)
드레스룸
수납방(7㎡)
UP
DN
보이드
화실(10㎡)
발코니
보이드
UP

2F

갤러리 같은 분위기의 계단실

천창에서 빛이 내리쬐는 계단실은 그림이 장식된 갤러리 같은 분위기다. 계단은 챌판 높이를 낮추고 발판 면적을 넓게 만들어서 2층으로 오르는 발걸음이 느긋해진다.

공간 배치 포인트
합리적 설계로 비용을 예산에 맞추다

남쪽에 이웃이 있어서 천창을 채용했다. 창을 최대한 줄여서 비용을 낮췄고, 동시에 집주인의 바람대로 그림을 걸 수 있는 벽이 생겼다. 쪽창을 이용해 통풍을 하고, 전망용 창은 고정식으로 만들고, 채광창을 높이 설치하는 식으로 창호 비용을 절감했다.

DATA
소재지 : 가나가와 현
대지 면적 : 145.83㎡ (44.11평)
연면적 : 100.35㎡ (30.36평)
구조 : 목조
규모 : 지상 2층

ARCHITECT
야마가타 요/
야마가타 요 건축설계사무소
Tel : 044-931-5737 (가나가와 현)

120

효율적인 공간 배치로
실내에 여유를 담다

**대형 프레임 안에 풍경을
담는 거실**

숲이 보이는 거실. 풍경을 그대로
실내로 들이기 위해 대형 창을 설
치했다. 창 아래에 내부 데크를
만들고 마루 단을 일부 높여서 아
래쪽을 수납장으로 활용한다.

1F

안방(5㎡)

주방(8㎡)

거실·식당(26㎡)

현관

UP

UP

실내 데크

데크

예 산에 맞는 건물을 짓기 위해 불필요한 부
분을 없앴다. 방과 현관홀은 작게 만들고
사람이 모이는 곳에는 공간을 많이 할애했다. 현
관홀과 거실, 식당과 툇마루 데크를 하나로 만들
어서 데드 스페이스를 없앴다. 방은 좁지만 넓은
공간과 연결시켜서 고립감이 들지 않는다.

**처마 밑 툇마루와 실내 데크가
실내외를 연결하다**

커다란 처마가 달린 툇마루의 길이
는 1.8m. 처마는 천장과 연결되고,
툇마루는 식당 의자를 겸하는 실내
데크와 연결된다. 덕분에 실제보다
공간이 넓게 느껴진다.

**집성재로 만들어 비용을
절약한 주방**

주위 경치 잘 보이는 개방형 주
방. 집성재로 만든 주방 가구는
현장에서 목수에게 맡겼다.

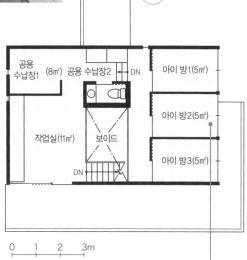

2F

공용
수납장1 (8㎡) 공용 수납장2 DN 아이 방1(5㎡)

작업실(11㎡) 보이드 아이 방2(5㎡)

DN 아이 방3(5㎡)

0 1 2 3m

**정갈하게 꾸민
기분 좋은 아이 방**

거실 공간을 확보하기 위해
서 2층의 방들은 비교적 작
게 꾸몄다. 불과 5㎡에 불
과한 크기지만 거실 보이
드와 접해 있어서 고립감은
느껴지지 않는다.

공간 배치 포인트
효율 좋은 예산 운용으로
여유 공간을 확보

구조나 단열 등 건물의 기능과 관계된 곳
에는 비용을 충분히 들였고, 칸막이벽을
줄이는 구조를 채택해서 공사비를 줄였
다. 가동식 칸막이는 향후의 개조 비용도
줄여 준다. 공사 항목을 줄인 것도 비용
절감에 도움이 되었다. 맞춤형 가구를 들
이지 않고 가구도 인테리어로 대체했다.
한편 처마와 실내 데크를 채용해서 공간
에 여유를 줬다.

DATA
소재지 : 도쿄 도
대지 면적 : 182.30㎡ (55.15평)
연면적 : 103.06㎡ (31.18평)
구조 : 목조
규모 : 지상 2층

ARCHITECT
이즈카 유타카/
i+i 설계사무소
Tel : 03-6276-7636 (도쿄 도)

121

다층 공간으로
여유와 재미를
부여한 집

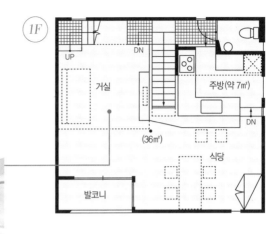

사방에 자연광이
들어오는 LDK

서쪽 도로와 가까운 곳에 채광
용 발코니를 설치했다. 화이트
벽면의 반사 효과 덕분에 오전
내내 환하다. 보이드 상부에서
도 빛이 들어와 주택 밀집 지
역에 있으면서도 충분히 밝다.

디테일에 신경 쓴 욕실

욕실, 세면실, 탈의실, 변기
를 한데 모아 공간에 여유가
생겼다. 수도꼭지와 욕조 등
매일 쓰는 것들은 질감과 디
자인에 신경을 썼다. 또 샤워
공간 사이에 유리 파티션을
설치해 개방감을 살렸다.

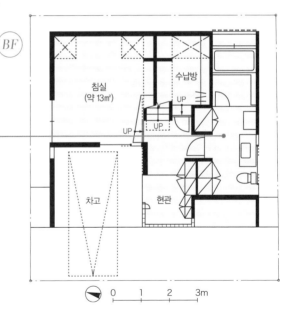

이 집은 LDK의 일체감과 넓이에 신경을 썼다.
보이드가 있는 회유 동선 구조의 원룸 공간
이다. L자형 주방 카운터의 높이를 낮추기 위해서
주방의 마루 단을 내렸다. 거실과 아이 방은 보이드
를 끼고 연결돼서 서로의 기척이 느껴진다. 계단을
각 층의 다른 위치에 설치해서 동선에 재미를 줬다.

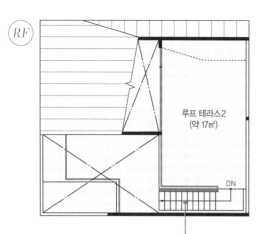

(RF)

루프 테라스2
(약 17㎡)

DN

공간 배치 포인트

항목을 줄이기보다는
내용을 수정해서 비용을 낮추다

예상 비용으로 건축주의 요구 사항을 그대로 실현했다. 구조와 설비 등 기본적인 부분과 규모와 관한 것은 거의 손대지 않았고, 마감과 수납 등 세부 사항에서 비용을 절감했다. LDK와 루프 테라스에는 최대한 면적을 할애했고, 마감재로 기성품을 이용해서 비용을 절감했다. 현관 등 일부 공간에는 철저하게 공을 들였다.

**2개 층으로 이어지는
루프 테라스**

2층 루프 테라스에서 최상층 루프 테라스로 이어지는 계단. 외부의 시선을 차단하는 벽을 설치해서 위아래 테라스에 일체감이 생겼다.

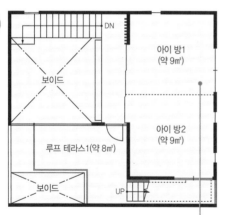

(2F)

DN

아이 방1
(약 9㎡)

보이드

아이 방2
(약 9㎡)

루프 테라스1(약 8㎡)

보이드

UP

공간 변화에 대비한 아이 방

아이 방은 2층에 있다. 보이드와 가까운 책장은 난간 역할도 한다. 바닥은 원목 마루로 마감해 더러워지거나 상처가 나도 쉽게 수리할 수 있다. 칸막이를 설치해 앞으로 방을 2개로 나눌 예정이다.

DATA
소재지 : 도쿄 도
대지 면적 : 79.36㎡ (24.01평)
연면적 : 103.92㎡ (31.44평)
구조 : 목조＋철근콘크리트조
규모 : 지하 1층＋지상 2층

ARCHITECT
나카쓰지 마사아키, 나카쓰지 마사에/
나카쓰지 마사아키 도시건축연구실
Tel : 03-5459-0095 (도쿄 도)

적절한 비용으로 괜찮은 집에 살고 싶다

267

면적을 할애해서
'사용하는' 현관으로

자전거 두는 곳으로 쓰는 현
관홀에는 7㎡의 면적을 할애
했다. 커다란 고정창을 지층에
내서 밝은 공간으로 만들었다.
오른쪽 출입구는 스토브용 장
작 보관실과 연결된다.

 122

계단으로 동선을
집약시킨 효율적인
공간 배치

안락하게 조성한 욕실

욕실 천장에는 물에 강한 짚
판을 깔았다. 표면의 부드러
운 결을 보는 것만으로도 몸
과 마음이 편안해진다.

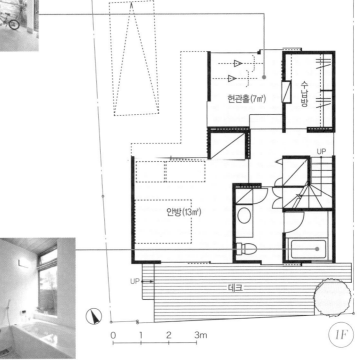

현관홀(7㎡)

수납방

안방(13㎡)

UP

UP

데크

0 1 2 3m

1F

안 방과 화장실은 1층에 배치해서 독립성을 높
였다. 거실과 식당은 2층에 배치했고, 보이
드를 만들어 3층 아이 방과 통하도록 했다. 통로
를 없앤 대신 수납공간에 면적을 할애했다. 덕분
에 생활공간에 물건이 없어 널찍하게 지낸다.

높은 보이드로 개방적인 거실

원룸형으로 된 거실과 식당. 식당
은 차분한 분위기로, 거실은 창을
크게 내 개방성 좋게 꾸몄다. 단순
해지기 쉬운 사각 공간이지만 이
처럼 공간의 성격을 다르게 연출
해서 단조롭지 않도록 했다.

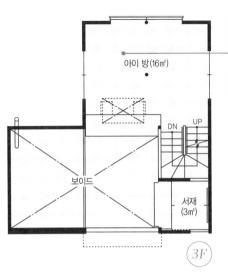

거실로 연결되는 아이 방

3층에 있는 아이 방은 향후 2개로 나눌 것을 생각해 여유 있게 만들었다. 계단을 내려가면 바로 거실과 연결된다.

낭비 없이 콤팩트하게 설계해서 비용을 낮추다

주택 공사는 공사 면적에 따라 견적이 달라진다. 계획을 진행하면서 비용이 초과되어 주방과 다용도실을 잇는 동선을 없앤 뒤 규모를 축소했다. 동선을 계단으로 집약시켜서 통로를 줄인 덕분에 설계 비용을 낮출 수 있었다.

오픈형 수납장을 채용한 주방

주방 수납장은 기능성을 생각해서 오픈형 수납장을 채용했다. 조리대 앞으로 산딸나무가 보인다.

DATA
소재지 : 가나가와 현
대지 면적 : 103.54㎡ (31.32평)
연면적 : 109.30㎡ (33.06평)
구조 : 목조
규모 : 지상 3층

ARCHITECT
모리 히로시/
모리 히로시 건축설계소
Tel : 0467-25-2584 (가나가와 현)

적절한 비용으로 괜찮은 집에 살고 싶다

길고 좁지만 쾌적한 아이 방

1층에 있는 아이 방은 폭 1.8m로 무척 길고 좁다. 침대를 놓지 않고 절반을 다다미방으로 만들고 그 하부에 수납을 한다. 덕분에 차분한 공간이 되었다.

 123

부정형의 공간을
콤팩트하게 설계

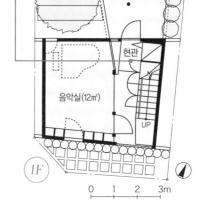

빛과 어둠의 대비가 신선한 모노톤의 현관홀

현관홀에서 안쪽까지 검게 칠한 모르타르 바닥이 이어진다. 낮고 어두운 천장을 얹은 현관은 밝고 높은 천장이 있는 계단실로 연결돼 서로 대비를 이룬다.

1층은 안뜰과 필로티를 끼고 2개 동으로 나뉜다. 양방향으로 도로가 지나는 남쪽 동에 현관 방음 시설을 갖춘 음악실이 있다. 방과 화장실은 북쪽에 배치했다. 2층은 식당을 통해서 2개 동이 연결된다. 북동쪽 코너에도 작은 뜰을 만들어 욕실과 주방에서도 풍경을 즐길 수 있다.

수납방
(6㎡)

침실
(6㎡)

발코니

침실
(6㎡)

주방
(8㎡)

UP DN

식당(16㎡)

발코니

UP DN

거실(11㎡)

2F

개방감을 더한 쾌적한 침실

침실의 폭은 약 1.8m이고 넓이
는 7㎡ 정도이지만 안뜰 쪽으로
창을 크게 내 개방감을 주었다.
이웃하는 수납방은 미닫이문을
통해서 연결된다. 사진은 안주
인의 방이다.

**식당은 감각적이고
실용적으로**

사다리꼴로 된 식당은 방에서 거
실로 이동하는 동선을 고려해도
별로 좁지 않다. 불필요하게 넓
지 않고 천장 높이에도 과함이
없는 철저하게 계산된 공간이다.

공간 배치 포인트

필요 없이 넓은 공간을 없애서 규모를 조정

'방'이 아니라 '머무르는 곳'이라고
생각을 전환하자 유연한 공간 배
치가 가능했다는 집주인. 각 공간
의 쓸모를 가장 우선순위에 두고,
'넓이=쾌적함'이라는 공식을 벗
어나자 조금 좁아도 쾌적한 공간
을 만들 수 있었다. 공간과 비용
의 낭비를 없앤 설계다.

DATA

소재지 : 도쿄 도
대지 면적 : 121.78㎡ (36.84평)
연면적 : 128.63㎡ (38.91평)
구조 : 목조축조
규모 : 지상 2층

ARCHITECT

기시모토 가즈히코/
acaa
Tel : 0467-57-2232 (가나가와 현)

X-Knowledge 지음

인테리어, 건축, 주택 분야에서 일본 최대 규모를 자랑하는 출판사이다. 관련 단행본과 여러 종류의 잡지를 꾸준히 출간하고 있다.
《마음이 설레는 집 도감》은 일본의 인기 건축가들의 집짓기 노하우를 소개한 콤팩트한 도감이다. 자연친화적인 집으로
꾸미는 방법, 공간을 넓게 확보하는 법, 이상적인 주방을 만드는 법과 깔끔한 수납 아이디어, 건축 비용을 절약하는 법 등
123곳 주택의 라이프스타일에 따른 다양한 공간 배치 아이디어를 담았다.

박지석 옮김

서울에서 태어나 일본에서 대학을 다녔다. 대학 재학 중 취미로 틈틈이 번역을 하면서 새로운 세계를 알았다.
현재는 출판사 편집자로 일하고 있으며, 말과 글이 삶에서 차지하는 비중을 항상 의식하면서 산다.
옮긴 책으로 《생활을 아름답게 바꾸는 빛의 마법》, 《숲 속 생활의 즐거움》, 《생각하는 개구리》,
《엄마와 아이 사이 아들러식 대화법》 등이 있다. walkrunner@naver.com

마음이 설레는
집 도감

1쇄 – 2015년 4월 14일 | 5쇄 – 2021년 4월 15일 | 지은이 – X-Knowledge | 옮긴이 – 박지석
발행인 – 허진 | 발행처 – 진선출판사(주) | 편집 – 김경미, 이미선, 권지은, 최윤선 | 디자인 – 고은정, 구연화
총무・마케팅 – 유재수, 나미영, 김수연, 허인화
주소 – 서울시 종로구 삼일대로 457 (경운동 88번지) 수운회관 15층 전화 (02)720–5990 팩스 (02)739–2129
홈페이지 www.jinsun.co.kr | 등록 – 1975년 9월 3일 10–92

＊책값은 뒤표지에 있습니다.

ISBN 978-89-7221-901-9 14590
ISBN 978-89-7221-900-2 (세트)

KOKORO GA TOKIMEKU MADORI IDEA ZUKAN
ⓒ X-Knowledge Co., Ltd. 2014
Originally published in Japan in 2014 by X-Knowledge Co., Ltd., TOKYO.
Korean translation rights arranged with X-Knowledge Co., Ltd., TOKYO.
through Tuttle-Mori Agency, Inc. TOKYO. and Botong Agency SEOUL

이 책의 한국어판 저작권은 보통에이전시를 통한 저작권자와의 독점 계약으로 진선출판사가 소유합니다.
신 저작권법에 의하여 한국 내에서 보호를 받는 저작물이므로 무단전재와 무단복제를 금합니다.